JINZHENGU GUJIAO DUOTANG KANGYANGHUA GONGNENG
JI ZAI QICAIGUI SILIAO ZHONG DE YINGYONG YANJIU

金针菇菇脚多糖抗氧化功能及在七彩鲑饲料中的应用研究

郭志欣 著

中国纺织出版社有限公司

图书在版编目（CIP）数据

金针菇菇脚多糖抗氧化功能及在七彩鲑饲料中的应用研究／郭志欣著 . -- 北京：中国纺织出版社有限公司，2025.8. -- ISBN 978-7-5229-2293-5

Ⅰ．Q539；S963

中国国家版本馆 CIP 数据核字第 2025LP1848 号

责任编辑：金 鑫 闫 婷　责任校对：王蕙莹
责任印制：王艳丽

中国纺织出版社有限公司出版发行
地址：北京市朝阳区百子湾东里 A407 号楼　邮政编码：100124
销售电话：010—67004422　传真：010—87155801
http://www.c-textilep.com
中国纺织出版社天猫旗舰店
官方微博 http://weibo.com/2119887771
北京虎彩文化传播有限公司印刷　各地新华书店经销
2025 年 8 月第 1 版第 1 次印刷
开本：710×1000　1/16　印张：8.25
字数：135 千字　定价：98.00 元

凡购本书，如有缺页、倒页、脱页，由本社图书营销中心调换

前　言

金针菇菇脚（*Flammulina velutipes* stembase）是金针菇栽培企业收获食用部分后的剩余物，还没有得到很好的利用。金针菇菇脚中含有多糖、蛋白质等生物活性成分，金针菇多糖具有抗氧化、提高机体免疫力、抗菌、抗肿瘤等多种生物活性，而非食用部分金针菇菇脚也具有较好的抗氧化活性，可作为高效、易获得的天然抗氧化成分的物质来源。本书主要通过不同浓度的乙醇分级、除蛋白、柱层析等方法制备出金针菇菇脚多糖，探讨分级的乙醇浓度及纯化程度对金针菇菇脚多糖的体外抗氧化活性的影响；研究金针菇菇脚粉（FVS）和金针菇菇脚水提液（FVSE）在七彩鲑（*Salvelinus fontinalis*）幼鱼体内的抗氧化作用及对生长、免疫及肠道菌群的影响。

本书第一部分对多糖进行了综述；第二部分研究了金针菇菇脚多糖的分离制备及体外抗氧化性质；第三部分研究了金针菇菇脚对七彩鲑幼鱼抗氧化能力及生长性能的影响；第四部分研究了金针菇菇脚对七彩鲑幼鱼血清生化指标及免疫功能的影响；第五部分研究了金针菇菇脚对七彩鲑幼鱼肠道菌群的影响。

研究结果发现：金针菇菇脚多糖的体外抗氧化活性与分级时乙醇浓度和纯化程度均相关，分级时乙醇浓度高、纯化程度低，其抗氧化活性强。金针菇菇脚中多糖等成分也可在七彩鲑幼鱼体内发挥抗氧化作用，提升抗氧化状态，提高生长性能和免疫能力，调节肠道菌群组成。

本书的出版得到了基金项目：吉林省科技发展计划项目（20210202098NC）的支持。由于时间仓促和作者水平有限，书中疏漏之处在所难免，敬请读者勘误和指正。

通化师范学院　郭志欣
2024 年 11 月

目 录

第1章 文献综述 ·· 1
1.1 真菌多糖的研究概况 ·· 2
1.2 真菌多糖的抗氧化活性研究进展 ···································· 10
1.3 多糖作为动物饲料添加剂的研究概况 ··························· 14
1.4 多糖对肠道功能调节作用研究进展 ······························· 17
1.5 本研究的目的及意义 ·· 19

第2章 金针菇菇脚多糖的分离制备及体外抗氧化性质的研究 ········· 20
2.1 材料与方法 ·· 21
2.2 结果与分析 ·· 26
2.3 讨论 ··· 33
2.4 小结 ··· 35

第3章 金针菇菇脚对七彩鲑幼鱼抗氧化能力及生长性能的影响 ····· 37
3.1 材料和方法 ·· 38
3.2 结果与分析 ·· 43
3.3 讨论 ··· 45
3.4 小结 ··· 48

第4章 金针菇菇脚对七彩鲑幼鱼血清生化指标及免疫功能的影响 ········· 49
4.1 材料和方法 ·· 49
4.2 结果与分析 ·· 54
4.3 讨论 ··· 57
4.4 小结 ··· 61

第5章 金针菇菇脚对七彩鲑幼鱼肠道菌群的影响 ········· 62
5.1 材料和方法 ········· 62
5.2 结果与分析 ········· 66
5.3 讨论 ········· 98
5.4 小结 ········· 103

第6章 结论和创新点 ········· 104
6.1 结论 ········· 104
6.2 创新点 ········· 104

参考文献 ········· 106

本书彩图

第1章 文献综述

金针菇（*Flammulina velutipes*）学名毛柄金钱菌，又称毛柄小火菇、朴菇、金菇、智力菇等，具有很高的药用食疗作用。金针菇作为一种重要的菌类作物，既是一种美味食品，又是很好的保健食品，因此国内外市场日益广阔，其栽培量也不断扩大。但目前大部分栽培企业将金针菇食用部分出售后，大量的金针菇菇脚被废弃，尚没有得到很好的利用。若能将其合理地开发利用，既可以避免资源浪费，降低金针菇栽培企业的生产成本，促进其发展，又可以避免废弃物对环境造成的污染，将会带来巨大的经济效益和社会效益。

金针菇菇脚（*Flammulina velutipes* stembase）中含有多糖、蛋白质等生物活性成分，已有的研究表明，金针菇多糖具有抗氧化、提高机体免疫力、抗菌、抗肿瘤等多种生物活性，而非食用部分金针菇菇脚也具有较好的抗氧化活性，可作为高效、易获得的具有天然抗氧化作用成分的物质来源。目前，在农业上，对于金针菇的研究主要集中在增加金针菇产量方面，而对于金针菇工业生产后废弃物的研究较少，主要集中在其多糖构效关系和活性上，仍然缺乏金针菇菇脚多糖高效利用方面的研究。有研究发现，将金针菇菇脚添加到肉鸡饲粮中，能提高肉鸡饲喂前期平均日增重和平均日采食量，降低料肉比，提高肉鸡成活率，提高肉鸡生产性能及免疫器官指数，增强肉鸡的T、B淋巴细胞免疫功能。在肉鸡日粮中添加金针菇菇脚可显著提高肉鸡盲肠菌群多样性，金针菇菇脚可被有效利用产生降解多糖、纤维素和产酸的细菌，显著提高短链脂肪酸的量，改善肠道菌的繁殖环境，改善肠道微生物菌群的结构，促进肉鸡健康生长。在肉鸡饲粮中添加金针菇菇脚能够促进肉鸡生长，同时起到一定的降血脂和减少机体脂肪沉积的作用。因此，金针菇菇脚具有物美价廉、功效显著、绿色、安全和环保等特点，将其作为饲料添加剂应用于养殖业具有重要意义。

根据世界粮农组织（FAO）的权威统计与预测，2014年全球水产业养殖总产量为7380万吨，预计到2025年水产养殖产量将达到1.02亿吨。中国2014年的水产养殖产量为4550万吨，占全球水产养殖总产量的60%以上。多年来，我国水产品总量一直居于世界首位，且是养殖产量超过捕捞产量的唯一国家。

七彩鲑鱼（*Salvelinus Fontinalis*），学名美洲红点鲑，属于鲑形目、鲑科、红点鲑属，与北极鲑、雷克鲑、多丽鲑、公牛鲑并称五大名鲑。其肉质肥美、含脂量高、体大，因此备受老百姓喜爱，养殖规模也呈逐年扩大趋势，在我国东北地区的淡水渔业中占有重要地位。养殖业中抗生素添加所致的抗药性、药残、环境污染等危害已经引起了人们越来越多的重视。对现代养殖业而言，不仅要提高养殖产品的生产性能和肉质，而且要重视产品的安全，保证消费者的健康。抗生素等饲料添加剂的不规范使用已经使我国养殖产品安全问题成为社会问题，并且严重影响了我国养殖产品出口的国际竞争力，因此研发具有促进鱼类生长、提高免疫机能、改善肠道菌群的绿色、天然饲料添加剂产品越来越引起人们的重视。

1.1 真菌多糖的研究概况

多糖是由多个单糖通过糖苷键相连形成的大分子化合物，广泛地存在于动物、植物和微生物中。真菌多糖是从真菌菌丝体、子实体或发酵液得到的活性物质，是单糖主要通过 β-1,3 和 β-1,6 糖苷键相连而形成的天然大分子聚合物。自从1969年日本学者从香菇子实体中提取出2种具有明显抗肿瘤作用的由 β-1,3 糖苷键连接形成的线性葡聚糖，学术界便掀起了真菌多糖研究的浪潮，真菌多糖也成为了具有医疗保健价值产品的绿色天然来源之一。目前对于真菌多糖的研究多集中在提取、分离纯化、多糖的组成和结构及生物活性和作用机理等方面。

1.1.1 真菌多糖的提取

胞外多糖是在液态培养的条件下,细胞分泌到液体培养基中的多糖,提取时可以将乙醇直接加至液态培养基上清中,而胞内多糖和菌丝壁多糖由于其外部大多有脂质包裹,不能直接获得,需要使用一些物理或化学方法,才可对其进行提取和分离。因此,从原材料中有效地提取多糖是多糖研究的关键。大部分真菌多糖在热水中溶出率较高,故真菌多糖的提取大多使用水提醇沉法。为了提高多糖的提取率,人们对真菌多糖提取方法进行了改良,如在提取前使用超声波、微波等物理手段进行辅助提取或加酶处理,也可提取后加酸、碱或盐处理。通过这样的物理和化学辅助提取方法,粗多糖含量显著提高。若要得到均一多糖,还需要通过冻融除杂、除蛋白、乙醇分级、柱层析分离等步骤。

1.1.1.1 热水浸提法

热水浸提法是目前提取真菌多糖应用最广泛的方法。大部分真菌多糖溶于水,热水浸提时热力作用使真菌细胞发生质壁分离,使真菌多糖透过细胞壁扩散到溶剂中。热水浸提法具有反应条件温和、对多糖影响小、操作简便、成本低廉等优点,但也同时存在提取温度较高、能耗高、提取率较低、溶剂使用量大等缺点。可能影响热水浸提法多糖提取率的因素有提取温度、提取时间、料液比、提取次数和 pH 等。张静佳等通过单因素试验和响应面分析,利用不同的提取温度、提取时间和料液比研究其对香菇多糖提取率的影响,得到了提取温度 91℃,料液比 1∶76 g/mL,提取时间 99 min 时,最大提取率为 30.01%。和法涛等研究发现猴头菇多糖热水浸提的最优工艺为:浸提温度为 92℃、水料比为 33 mL/g、浸提时间为 134 min,在此最佳提取条件下,多糖得率为 4.98%。

1.1.1.2 超声波提取法

超声波提取法是利用超声波的机械效应、空化效应和热效应等使细胞破裂,促进多糖的溶解,加快多糖的提取过程,提高多糖提取率。超声波提取法具有提取效率高、提取温度低等优点,但对仪器要求高,提取时间不宜过长,否则会导致糖苷键断裂。采用超声波辅助热水提取法可显著提高多糖的提取率。Chen等采用正交试验,应用超声波法提取松茸多糖获得了提取的最优工艺条件,在温度40℃,水料比例25 mL/g,超声时间50 min,超声波频率45 kHz和功率100 W时,多糖得率为8.06%。王宏雨等利用超声波循环萃取设备提取姬松茸多糖,确定了姬松茸多糖超声波循环提取的最佳条件为:提取温度40℃,投料比为8%,提取时间20 min,超声功率为600 W。

1.1.1.3 微波辅助提取法

微波辅助提取法是利用微波加热,使细胞内温度迅速升高,压力增大,导致细胞破碎,多糖溶出的方法。该方法提取效率高、能耗低、提取时间短,但只适用于提取热稳定性物质,若微波功率过高,会破坏多糖结构从而影响其生物活性。陈湘等用微波法提取黄蘑多糖,在微波功率600 W,料液比1:30 g/mL,微波时间8 min的条件下,多糖产率为14.17%。满宁等提取灰树花子实体多糖时,采用微波提取及絮凝纯化方法,在药材粒径840~2000 μm,溶剂pH为6,液固比30 mL/g,微波提取210 s时,可有效提高灰树花多糖的得率和纯度。

1.1.1.4 酶提法

酶提法是利用酶破坏细胞壁的致密结构,使多糖易于溶出,从而提高多糖提取率的方法。酶法对多糖结构和生物活性破坏小,反应条件温和,提取效率高,但酶易失活,对实验设备要求高,而且酶价格昂贵,不利于工业化大生产。扎罗等以西藏产金耳为材料探讨复合酶酶解条件对多糖得率的影响,得出当酶质量浓度为6 g/L、酶解温度为45℃、酶解时间为3 h时,多糖提取率达(11.59±0.10)%,比传统的热水浸提法(8.02%)提高了(43.26±1.25)%。彭云飞在酶解过程中采用果胶酶、纤维素酶、酶解温度和酶解时间等单因素研究其对银耳多糖提取率的影响,利用正交试验对工艺进行优化,获得最佳酶法提取工艺为:果胶酶0.8%,纤维素酶1.0%,酶解温度55℃,酶解时间2 h,多糖提取率为39.28%。

1.1.1.5 酸提法

酸提法可用于酸溶性多糖的提取，可以提取到热水浸提法无法获得的水溶性多糖。但酸提法容易破坏多糖中糖苷键而使多糖失去生物活性，降低多糖提取率，而且在提取后需要迅速中和或透析，操作过程相对繁琐，因此酸提法在真菌多糖提取中应用不广泛。梅光明等用盐酸水溶液从香菇柄中提取、分离纯化得到香菇多糖SP2，并确定了其分子量和结构组成。郝强采用酸浸提法提取香菇多糖，通过回归通用旋转组合设计，确定最佳工艺条件是：酸浓度 0.16~0.23 mol/L、浸提温度 50~67.8℃、浸提时间 2.7~3.8 h、料液比 1∶36~1∶49、加醇比 1∶2~1∶3，4℃醇沉 24 h。浸提 1 次多糖得率为 7.61%，浸提 2 次多糖得率达 13.56%。

1.1.1.6 碱提法

碱提法可用于碱溶性多糖的提取。碱液可使细胞吸水膨胀破裂，促进真菌多糖释放溶出。碱提法提取时间短、能耗少、效率高，但碱液可使多糖生物活性降低，也可生成色素分子，在提取结束时需要中和或透析，操作过程复杂，在真菌多糖提取中应用不广泛。黄福采用 0.5 mol/L NaOH 溶液在 80℃ 提取、用 36% 乙酸中和、3500 Da 透析袋透析，然后进行冷冻干燥的方法，制备得到杏鲍菇多糖 APEP、平菇多糖 APOP 和白玉菇多糖 AHMP 三种碱提真菌多糖，得率分别为 1.0%、1.7% 和 1.1%。孙艳萍将新鲜白灵菇加入 20 倍体积的 1.25 mol/L NaOH 溶液，加热煮沸 2 h，醇沉后得到白灵菇碱提多糖。

1.1.2 真菌多糖的除杂和分离纯化

通过热水浸提法、超声波提取法、微波提取法、酶法等方法提取到的粗多糖含有色素、小分子物质、蛋白质等杂质，需要进一步除杂和分离纯化以得到高纯度的均一多糖。目前，比较常见的除杂方法包括反复冻融法、Sevage 法和酶法等方法除蛋白；吸附法、氧化法和离子交换法等方法除色素；透析法除小分子杂质。分离纯化方法有沉淀法、膜分离法和色谱法等。

1.1.2.1 沉淀法

沉淀法主要包括有机溶剂分级沉淀法、季铵盐沉淀法、金属络合法和盐析法，其中分级沉淀法较为常用。大多数真菌多糖可溶于水，随着多糖聚合度的增大，其在乙醇中溶解度逐渐降低。因此在多糖浓缩液中分批逐步加入乙醇，使乙醇浓度逐渐变大，可使聚合度不同的多糖分别沉淀析出。杨毅等分别用30%、50%、70%和90%乙醇沉淀获得樟芝多糖，对于急性肝损伤有着一定的保护作用，90%乙醇沉淀获得的多糖保肝作用优于其他浓度乙醇沉淀获得的多糖。王颖等利用终浓度为20%、30%、40%、50%、60%、70%和80%的乙醇获得云芝多糖各级多糖沉淀产物，其中终浓度30%乙醇沉淀获得的多糖样品收率最高，40%醇沉多糖样品收率最低。

1.1.2.2 膜分离法

膜分离技术是指不同粒径分子的混合物在通过半透膜时，进行选择性分离的技术。使用的半透膜根据孔径大小可以分为：微滤膜（MF）、超滤膜（UF）、纳滤膜（NF）、反渗透膜（RO）等。膜分离既兼有分离、纯化和精制等功能，又具有能耗低、效率高、工艺简单、环保、不易破坏多糖生物学活性的优点，在多糖的分离纯化过程中应用广泛。王博等应用不同分子量截留值的超滤膜分级纯化灵芝多糖，得到少量分子量小于5000 Da的灵芝多糖，获得了较多的分子量大于1×10^5 Da的多糖，故选择1×10^4 Da的超滤膜对灵芝多糖进行分离，并应用响应面法确定了超滤膜法分离灵芝多糖的最佳提取工艺。朱忠敏等用不同孔径的膜分离脱脂灵芝孢子粉多糖，陶瓷膜（0.1 μm）截留部分以及经过陶瓷膜（0.05 μm）但被超滤膜（10 nm）截留部分的多糖含量最高分别为23.13%和23.56%，这两部分所占提取液的比例为39.55%。

1.1.2.3 色谱法

色谱技术是利用粗多糖的不同组分在固定相和流动相之间的运动速率的不同以达到分离的目的，包括离子交换色谱、凝胶色谱、大孔树脂色谱等。该技术具有分离效率高、可再生、不易破坏多糖生物活性的特点，多用于多糖的除色素、纯化等过程，通过色谱技术可得到均一多糖。You等用DEAE-52纤维素离子交换层析和Sephadex G-100葡聚糖凝胶分子筛层析，获得了蒙古口蘑的 4 种多糖组分，再经过 Sephacryl S400 柱层析获得 4 种均一多糖，并通过 HPGPC 检测其均一性和分子量大小，分析了 4 种多糖的抗氧化活性。Zhao 等提取灵芝粗多糖后通过过滤、DEAE-52 纤维素离子交换层析和 Sephadex G-100 葡聚糖凝胶分子筛层析，得到 GP-1 和 GP-2 两种灵芝多糖均一组分，用于研究多糖结构和抗肿瘤活性。

1.1.3 真菌多糖的生物活性

多糖与蛋白质一样，是具有生物大分子特点的复杂的高分子化合物，在生物体中显示了特定的生理功能和生物学活性，其中包括抗氧化、抗肿瘤、调节机体免疫功能、降血糖、降血脂、抗病毒、抗炎、抗衰老、抗疲劳、抗凝血等生物活性。

1.1.3.1 抗氧化作用

机体生命活动中的氧化代谢过程会产生活性氧自由基（ROS），它们在机体中独立存在，具有不成对的电子。ROS 易引起组织损伤，引起多种疾病，包括心脑系统损伤、肿瘤、衰老等，还与神经系统疾病和糖尿病并发症等很多疾病密切相关。在正常情况下，活性氧自由基在机体内处于动态平衡状态，一旦这一平衡被打破，就会对机体造成伤害，引起一系列相关疾病。若要避免相关疾病的发生，就要提高机体的防御机制，因此，具有抗氧化活性的天然产物近些年备受关注。林琳研究发现通过酸提法、碱提法和酶提法提取的 6 种金针菇和杏鲍菇菌糠多糖均具有体外抗氧化能力，酶提法得到的菌糠多糖的还原力、羟自由基的清除能力和超氧阴离子的清除能力均高于其他提取方法。杨佳琦等验证了酶法提取的云芝多糖的抗氧化能力，发现其对羟自由基、DPPH 自由基和超氧阴离子均具有一定的清除作用，并呈现浓度依赖效应，说明云芝多糖具有良好的抗氧化作用。

1.1.3.2 抗肿瘤作用

真菌多糖可以通过调节肿瘤微环境中的免疫细胞、炎症介质、细胞外基质、管脉系统和趋化因子而起免疫调节作用，并且多糖在激活机体免疫反应的同时，又可改善免疫过度激活状态而达到双向免疫调节的作用，从而抑制肿瘤的发展。葛唯佳等发现环磷酰胺和高、中、低剂量的云芝酸溶性多糖均可不同程度地抑制肿瘤细胞增殖。杂色云芝酸溶性多糖可改善小鼠免疫器官指数，提高血清细胞因子 IFN-γ、TNF-α 水平，降低血清 IL-6、ALT、BUN 和 CRE 水平，促使肿瘤细胞凋亡。王红通过建立 H22 荷瘤小鼠肿瘤模型，发现榆耳多糖在一定程度上能抑制 H22 瘤的生长，通过抑瘤率、脾脏指数、胸腺指数、尿素氮（BUN）、谷丙转氨酶（ALT）、谷草转氨酶（AST）、肌酐（CRE）、白细胞介素-2（IL-2）、肿瘤坏死因子-α（TNF-α）等指标的测定发现，GI-A、GI-U、GI-T 和 GI-S 4 种榆耳多糖中，GI-U 的抗肿瘤效果最好，GI-A 次之；二者均可以通过诱导肿瘤细胞的凋亡而发挥抑制肿瘤生长的作用，GI-U 通过调控相关蛋白的表达，而发挥其抗肿瘤的作用。

1.1.3.3 调节机体免疫功能

真菌多糖可以通过增加 T 细胞的数量和活性、促进 B 细胞生长和分化、提高巨噬细胞的数量和功能、增加自然杀伤细胞的数量而发挥其增强免疫活性细胞的功能，还可以通过诱导激活细胞因子的分泌、增强抗体的生成和激活补体系统的功能等发挥其对机体的免疫调节作用。朱晗等研究发现灰树花胞内多糖可使小鼠脏器显著增大、淋巴细胞的增殖能力显著增加，随着多糖剂量的增加，T 淋巴细胞亚群的免疫细胞 CD4/CD8 的比值提升，肠道中细胞因子 IL-6、IL-8 和 TNF-α 的表达量上调，炎症因子 CRP 的表达量下调。李健报道，松茸多糖 TMP-A 在一定浓度范围内可以提高 RAW264.7 的吞噬能力，促进其 NO 及相关细胞因子（IL-6、TNF-α）的释放。

1.1.3.4 降血糖作用

多糖的降血糖作用主要表现在改善胰岛素分泌、改善胰岛素与靶细胞的特异性结合、拮抗胰高血糖素、改善机体免疫机能、调控糖原合成和分解、促进血糖利用、保护和修复胰岛细胞及调节糖代谢酶活性等方面。陈春娟等发现低分子量蛹虫草多糖具有较好的降血糖效果，可显著降低糖尿病小鼠血糖值，并且在一定剂量范围内可改善小鼠糖耐量异常，也可以有效减轻高血糖对肝脏和肾脏的损伤及缓解由糖代谢紊乱所致的体重下降问题。孟繁龙研究发现桦褐孔菌多糖能够有效缓解 STZ 诱导的糖尿病小鼠的体重下降、血糖升高等症状，可使小鼠血浆胰岛素、丙酮酸激酶活性提高，促进葡萄糖的吸收，从而加速糖代谢。

1.1.3.5　降血脂作用

真菌多糖具有显著的降血脂效果，可能的机制是：改善肝脏中脂代谢相关基因的表达，通过这些基因表达的变化增强脂肪酸的氧化能力；可促进胆固醇氧化进入肝脏，加速血液中胆固醇的清除而降低血脂。于美汇等发现黑木耳多糖能够减少小鼠体重的增长，显著抑制 TC、LDL-C 和 TG 含量的下降，显著提高 HDL-C 水平，控制 HL 和 LPL 活性的降低。小刺猴头发酵浸膏多糖可使肉鸡肝脏脂肪和胆固醇合成酶基因表达量降低，起到减少肉鸡胆固醇含量，降低肉鸡脂肪沉积的作用。

1.1.3.6　抗炎作用

真菌多糖抗炎作用可能的作用机制为：抑制白细胞向炎症部位的游走；抑制毛细血管的通透性从而减少渗出液体积；对抗炎症造成的过氧化损伤；抑制炎性细胞因子；与细胞膜上选择素结合参与炎症病理；增强巨噬细胞的吞噬活性。刘玮等报道姬松茸多糖 ABD 对肿瘤坏死因子（TNF-α）和一氧化氮（NO）两种细胞因子的分泌表现出抑制作用，呈现出了剂量依赖性，显示出较好的抗炎效果。陈玉胜等发现灵芝多糖可降低血清中 IL-1β、IL-6、IL-18、TBIL、TNF-α 水平，降低肝组织 IL-1β 和 MDA 水平，降低 NOS 活力，使肝组织 NLRP3、caspase-1 及 ASC 的蛋白表达水平下调，对 CCl_4 所致的急性肝损伤小鼠具有较好的抗炎和保肝作用。

1.1.3.7　抗衰老作用

真菌多糖可以通过增强超氧化物歧化酶对自由基的清除作用、提升谷胱甘肽过氧化物酶的活性、降低丙二醛的浓度、影响染色体末端端粒的长度、调节免疫系统等发挥抗衰老作用。金福菇多糖 TLH-3 能够通过调节细胞中与衰老相关蛋白基因的表达来调节细胞的生命活动，从而起到延缓细胞衰老的作用。杨辉等报道口蘑多糖可能通过提高体内 CAT、SOD 等抗氧化酶的活性，降低过氧化脂质分解的终产物丙二醛的含量，而起到抗衰老的作用。

1.2 真菌多糖的抗氧化活性研究进展

目前对真菌多糖抗氧化活性的研究,主要从体外和体内两方面进行。体外抗氧化活性的研究,主要通过多糖对自由基的清除能力和还原能力等化学方法,体外抑制脂质过氧化活性和体外抑制蛋白质氧化损伤活性等生物学方法进行。体内抗氧化研究主要集中在氧化应激标志物、抗氧化物和抗氧化酶的分析、线粒体膜电位及线粒体凋亡分析等方面。

1.2.1 真菌多糖的体外抗氧化活性

真菌多糖的体外抗氧化活性研究主要是通过化学、生物学方法及细胞模型方法对其清除自由基能力、还原能力和脂质过氧化的抑制能力等方面进行研究。多糖的体外抗氧化活性研究方法简单、快捷,因此得到了广泛应用。不同的体外抗氧化活性研究的方法基于不同的反应原理,在研究多糖的体外抗氧化活性时,通常使用 2 种或以上不同原理的试验方法,以保证结果的可靠性。

1.2.1.1 自由基的清除活性

自由基有很强的氧化能力,它能通过氧化作用攻击所遇到的分子,使体内的生物大分子产生过氧化反应,引起机体不可逆的损伤,因此,多糖对自由基的清除能力是衡量其抗氧化性的重要指标。在研究真菌多糖清除自由基活性时,通常采用的方法为:清除 2,2′-联氮-二(3-乙基苯并噻唑啉-6-磺酸)(ABTS)自由基活性、清除 1,1-二苯基-2-三硝基苯肼(DPPH)自由基活性、清除活性氮自由基(RNS)活性和清除活性氧自由基(ROS)活性。其中清除活性氮自由基活性又包括清除一氧化氮自由基(NO·)活性和过氧化亚硝酸盐离子自由基($ONOO^-$)活性;清除活性氧自由基活性又包括清除氧化自由基(ROO·)活性、清除超氧阴离子自由基(O^{2-}·)活性和清除羟基自由基(OH·)活性。Zhu 等对蛹虫草含硒多糖 SeCS 进行了 DPPH 自由基清除能力、羟基自由基的清除能力和超氧阴离子的清除能力的研究，发现 SeCS 具有较强的 DPPH 自由基、羟基自由基和超氧自由基的清除作用，并具有剂量依赖效应。Li 等用蒸煮、烘干、冻干等方法提取得到杏鲍菇多糖，通过 ABTS 自由基、超氧阴离子和羟基自由基清除试验发现杏鲍菇多糖具有强的抗氧化活性，并且抗氧化活性的强弱与多糖制备方法有关，冻干方法获得的多糖抗氧化活性最强。

1.2.1.2 还原能力

真菌多糖具有很好的还原能力，可通过测定其还原能力来间接地评价抗氧化活性。目前对于多糖还原能力的研究主要通过对三价铁离子（Fe^{3+}）还原能力、二价铁离子（Fe^{2+}）结合能力和总还原能力测定来进行。Deng 等从竹荪子实体中提取多糖（PPS），利用铁氰化钾法研究其还原能力发现，PPS 显示出还原能力，浓度大于 300 μg/mL 时，还原能力呈现剂量依赖效应，浓度为 1 mg/mL 时还原力为 0.31。Xu 等采用酸提法和碱提法得到杏鲍菇多糖 AcMZPS 和 AlMZPS，通过铁氰化钾法测定多糖的还原力，结果显示多糖浓度为 0~1000 mg/L 时，还原力呈现浓度依赖效应，浓度为 1000 mg/L 时，AcMZPS-1 的还原力达到了 0.879±0.07，高于杏鲍菇多糖的其他组分。

1.2.1.3 脂质过氧化的抑制能力

生物体细胞内可产生氧自由基，当自由基攻击质膜等双层膜的不饱和脂肪酸时，则引发脂质过氧化产生碳链较短的醛、酸、酮等小分子物质，当加入抗氧化剂时可减少过氧化物及其分解产物的产生。自由基引发脂质过氧化可产生丙二醛（MDA），因此，通常可以通过检测丙二醛含量的多少来判断脂质过氧化抑制能力的大小。田志杰等通过正交法提取黑木耳多糖后，用其给大鼠灌胃，用硫代巴比妥酸（TBA）测定肝脏中 MDA 含量，发现黑木耳多糖可明显降低肝脏中 MDA 含量，说明其具有抑制脂质过氧化的能力。Ding 等对洛巴口蘑多糖 TLH-3 的研究发现，TLH-3 能提高细胞活力，降低 ROS，显著抑制小鼠肝脏和血清中 MDA 的生成，提高超氧化物歧化酶（SOD）和过氧化氢酶（CAT）活力，TLH-3 具有明显的抗氧化作用。

1.2.1.4 针对细胞模型的抗氧化能力

细胞更接近于生物体内的环境，所以与体外的化学方法和生物学方法相比，用细胞模型的方法对抗氧化活性的评价具有更重要的意义，是真菌多糖抗氧化活性研究的很好选择。可以根据多糖应用的不同目的选择不同的模型细胞，研究多糖对某一特定氧化应激反应的抗氧化能力。陈新瑶等在研究 H_2O_2 诱导的氧化应激状态下，猴头菇多糖 HEPs 对 IPEC-J2 细胞的保护作用时发现，经过 HEPs 处理后，细胞中 ROS 含量显著降低，SOD 和 CAT 的活力显著提高，MDA 的含量显著降低，ZO-1 基因转录量和表达量明显提高，说明猴头菇多糖对氧化损伤细胞具有很好的保护作用。尹学哲等报道了草苁蓉多糖可降低 H_2O_2 引起的损伤肝细胞中 MDA 含量、提高细胞内 SOD 和 GSH 活性，草苁蓉多糖对 H_2O_2 所致肝细胞损伤的保护作用机制可能与其可以提高肝细胞抗氧化能力有关。

1.2.2 真菌多糖的体内抗氧化活性

真菌多糖的体外抗氧化活性的评价方法快捷、简便，但多糖进入体内后要经过消化、吸收和新陈代谢的过程，从而增加了其抗氧化能力的不确定性，因此仅凭体外抗氧化能力不足以评价多糖的抗氧化活性，而采用氧化应激动物模型来评价多糖的体内抗氧化活性目前得到广泛认可。多糖的体内抗氧化活性主要表现在肝脏、肾脏等氧化自由基集中的器官的脂质过氧化、蛋白质损伤和核酸氧化损伤的抑制、抗氧化酶和抗氧化物水平的调节、自由基的清除及线粒体膜电位的维持等方面。

1.2.2.1 抗脂质过氧化作用

脂质过氧化是 ROS 与生物膜的磷脂和酶等相关的多不饱和脂肪酸的侧链及核酸等发生脂质过氧化反应，形成丙二醛（MDA）、4-羟基壬烯醛（HNE）等脂质过氧化产物，使细胞膜的流动性、通透性发生改变，导致细胞结构和功能改变。MDA 和 HNE 是具有强毒力的脂质过氧化产物，可作为判断脂质过氧化的指标，MDA 含量测定在试验研究中较为常见。彭景华等报道了虫草多糖可显著抑制二甲基亚硝胺（DMN）诱导的大鼠肝脂质过氧化损伤。许伟等发现猴头蘑硒多糖能降低小鼠脑组织和肝中的丙二醛含量，发挥抗脂质过氧化作用。

1.2.2.2 抗蛋白质损伤作用

生物体的氧化应激过程中，自由基对蛋白质的损伤包括蛋白质分子中肽链的断裂、蛋白质分子之间的交联聚合、蛋白质中氨基酸残基的氧化脱氨反应、蛋白质还原性基团被氧自由基攻击及蛋白质的氨基产生分子交联等。目前主要通过检测蛋白质的羰基生成（羰基化）和二酪氨酸的生成（酪氨酸硝基化）衡量蛋白质氧化损伤程度，以测定蛋白质羰基化水平居多。张晶发现硫酸化黑木耳多糖 SNAAP 能降低小鼠血清中羰基蛋白质含量，降低蛋白质氧化损伤，起到缓解氧化应激的作用。

1.2.2.3 抗核酸氧化作用

自由基可以直接攻击核酸，诱发其发生氧化损伤，其中以鸟嘌呤 8 位碳原子氧化形成 8-羟基-脱氧鸟嘌呤核苷酸（8-OHdG）最为常见，而 DNA 双链的断裂是细胞中各种类型的 DNA 损伤中最严重的一种，通常用 8-OHdG 含量的测定方法确定 DNA 双链的断裂情况。此外，DNA 损伤评价方法还包括彗星试验，彗星试验又称为单细胞凝胶电泳检测技术（SCGE），是在单细胞水平上的定量检测 DNA 损伤的较灵敏方法。孙亦阳等用热水浸提法提取的姬松茸菌体多糖 Ab-Mp 处理环磷酰胺（CP）损伤的小鼠，应用单细胞凝胶电泳法研究发现，Ab-Mp 可降低 CP 损伤后彗星细胞的比例，缩短彗星尾长，对环磷酰胺诱发的 DNA 损伤有明显的拮抗作用。

1.2.2.4 抗氧化酶的调节作用

细胞在代谢过程中产生的过多 ROS 对细胞是有害的。细胞内含有的各种活性酶及抗氧化剂在抵御细胞氧化损伤、维持细胞氧化和抗氧化之间的平衡方面起重要作用。机体内主要的抗氧化酶包括：超氧化物歧化酶（SOD）、过氧化氢酶（CAT）、碱性磷酸酶（ALP）、谷胱甘肽还原酶（GR）和谷胱甘肽过氧化物酶（GSH-Px）等。真菌多糖在生物体内可提高抗氧化酶活性，缓解氧化应激。Jiao 等报道了红平菇多糖 EnPPs 能够使 STZ 诱导的氧化损伤模型小鼠的 SOD、GSH-Px、CAT 和 T-AOC 的活性均显著升高，具有抗氧化应激的作用。Hua 等从竹荪子实体中提取的多糖 DIP 可使 D-半乳糖诱导的模型小鼠的丙二醛（MDA）、脂褐素含量明显减少，使超氧化物歧化酶和谷胱甘肽过氧化物酶活性增加。

1.3 多糖作为动物饲料添加剂的研究概况

养殖业中抗生素的添加所致的抗药性、药残、环境污染等危害已经引起了人们越来越多的重视。对现代养殖业而言，不仅要提高养殖产品的生产性能和肉质，而且要重视产品的安全，保证消费者的健康。抗生素等饲料添加剂的不规范使用已经使我国养殖产品安全问题成为社会问题，并且严重影响了我国养殖产品出口的国际竞争力，因此寻找天然、绿色、安全的抗生素替代品，开发研制无毒害、无残留的饲料添加剂已成为当前饲料养殖业亟待解决的问题。多糖作为生物中的天然高分子化合物，是维持生命活动的基本物质之一，具有免疫促进、抗炎、抗病毒、抗衰老、抗凝血等方面的生物活性，已成为当今最热门的研究领域之一；而且多糖具有抗生素兼益生素的双重作用，可以作为动物的免疫促进剂，是一种很有发展前景的饲料添加剂，越来越受到养殖业的重视。

1.3.1 多糖对养殖动物生理功能的作用

多糖作为绿色天然的饲料添加剂对养殖动物生理功能的影响主要通过发挥其免疫调节作用、免疫增强佐剂作用和抗病毒感染作用体现。

1.3.1.1 多糖的免疫调节作用

多糖主要通过刺激机体免疫应答、提高巨噬细胞吞噬能力、诱导 IL-1 和 TNF 的生成、促进 T 细胞的增殖、提高 B 细胞的活性、促进淋巴因子激活的 LAK 活性及激活补体系统发挥其免疫调节作用。郑夺等报道了苦豆子多糖可促进小鼠脾淋巴细胞增殖，在一定程度上能提高小鼠的腹腔巨噬细胞廓清能力和吞噬速度，提高血清中溶血素的含量，增强小鼠机体免疫功能。张逸等发现苦瓜多糖 MCP-2 能够促进小鼠淋巴细胞增殖，提高巨噬细胞（RAW264.7）中的 NO、IL-1、TNF-α 等炎症因子的表达量，具有显著的免疫增强作用。杨健华发现草菇子实体多糖 VBS 可提高小鼠的脾脏与胸腺指数和 IL-2 含量，显著提高正常小鼠脾淋巴细胞的增殖能力和巨噬细胞吞噬能力，提高 IL-6、IFN-γ 和 TNF-α 的含量，具有免疫调节作用。

1.3.1.2　多糖的免疫增强佐剂作用

目前有些疫苗免疫原性弱、难以诱导机体产生有效免疫应答，需要通过免疫佐剂来增强其免疫作用。疫苗佐剂是能够非特异性地改变或增强机体对抗原的特异性免疫应答、发挥辅助作用的一类物质。佐剂能够诱发机体产生长期、高效的特异性免疫反应，提高机体保护能力，同时又能减少免疫物质的用量，降低疫苗的生产成本，但目前使用的佐剂副作用大，因此寻找一种安全、有效的天然疫苗佐剂成为研究的热点。而多糖作为天然、无毒副作用的生物大分子，具有增强机体免疫功能的作用，是较好的生物反应调节剂，具有开发为疫苗佐剂的潜在可能。雷莉辉等将香菇多糖与肉鸡新城疫疫苗合用，发现香菇多糖的添加可提高肉仔鸡新城疫 HI 抗体水平，添加量为 350 mg/kg 时效果最佳。李海霞等报道了茯苓多糖 PCP-Ⅰ和 PCP-Ⅱ作为疫苗佐剂具有良好的安全性。张亚楠等报道了玉竹多糖 POP 在一定剂量时能增强流感病毒裂解疫苗诱导的免疫应答，并且显示出黏膜佐剂效应。

1.3.1.3　多糖的抗病毒感染作用

大量研究表明，多糖具有抗病毒的活性，对多种病毒具有抑制作用。多糖不仅具有体外抗病毒的作用，还可能通过激活机体免疫，促进机体对抗病毒、细菌等的侵袭，发挥体内抗病毒的活性。多糖具有抗感染作用，能提高人工感染疾病动物的存活率和存活天数。高应瑞等报道，发酵制备的灰树花胞外多糖可减缓并降低新城疫病毒引起的鸡胚的死亡，可降低血凝效价，对新城疫病毒具有一定杀伤作用。周孟清等通过肉鸡体内实验研究黄芪和板蓝根多糖对新城疫病毒的杀伤作用发现，多糖处理组能够降低鸡群的发病率和死亡率。攻毒后虽发生精神萎靡和食欲下降等不良反应，但症状轻微，经过持续给药，大部分鸡可以在 3 d 内彻底好转；在预防处理各组中，黄芪多糖组无病死鸡，说明黄芪和板蓝根多糖具有一定的增强免疫作用，可降低新城疫病毒感染肉鸡的死亡率。

1.3.2 多糖作为禽畜动物饲料添加剂的研究

由于多糖具有免疫增强、抗病毒等作用且毒副作用小，近年，以开发多糖为添加剂的绿色饲料的研究越来越受到重视，成为饲料研究的热点问题。王莹等用黄芪多糖作为饲料添加剂喂养 AA+肉鸡，发现其可提高 AA+肉鸡的免疫器官指数、ND-HI 抗体效价和免疫球蛋白（IgG）水平，说明黄芪多糖添加剂能显著增强 AA+肉鸡免疫功能，增强抗病力。黄芪多糖作为饲料添加剂可显著提高獭兔的饲料转化率，提高料重比，提高獭兔的生产性能。基础日粮中添加浒苔多糖可显著提高 AA+肉鸡平均日增重、降低料重比、提高肉鸡血清中 IFN-γ 的含量及提高肉鸡全血中的淋巴细胞转化率，从而有效改善肉鸡的生长性能和免疫功能。

水产养殖是养殖业的一个重要组成部分，是目前增长最快的动物食品生产行业之一，而集约养殖过程中鱼类传染病的发生是影响其发展的重要因素之一，因此人们越来越重视能够促进水产动物生长、提高免疫机能的绿色饲料添加剂开发方面的研究。Zahran 等报道了以黄芪多糖（APS）作为膳食补充剂饲喂罗非鱼，与非添加的基础日粮组相比，其重量增益（WG）、特定生长率（SGR）、饲料转化率（FCR）和采食量（FI）等生长指数均显著增加，同时 APS 可提高超氧化物歧化酶、谷胱甘肽过氧化物酶和淀粉酶活性，表明饮食补充 APS 可以提高罗非鱼养殖的生长性能和免疫指标。Aramli 等报道了膳食中 β-葡聚糖的添加对波斯鲟幼鱼生长性能和先天免疫参数的影响，发现 0.2% 和 0.3% β-葡聚糖喂养的鱼的先天免疫反应（溶菌酶活性和补体含量提高）增强，生长性能（最终重量、SGR 和 FCR）与对照组比较显著提高，说明 β-葡聚糖可能是一种有益的饮食补充，可改善波斯鲟鱼的免疫反应和生长性能。Rajendran 等发现从海洋大型海藻中分离的多糖组分可激活鲤鱼的免疫响应，以多糖作为饲料添加剂能提高鱼血清溶菌酶、髓过氧化物酶活性和抗体应答等免疫指标；多糖组分可以减弱鲤鱼受常见致病菌（嗜水气单胞菌和爱德华氏菌）的影响，增加相对存活率；多糖的免疫刺激作用可能是由于对细胞因子白介素-1β和抗菌肽溶菌酶-c的上调。Rodríguez等研究了日粮中辅以β-1，3/1，6-葡聚糖对大西洋鲑鱼免疫应答基因的表达情况，发现日粮中添加β-1，3/1，6-葡聚糖，在急性缺氧条件下可影响抗病毒基因IFN-1和Mx的表达；当鱼接种疫苗时，只有IL-12和CD4表达水平增加，如果日粮中添加了β-1，3/1，6-葡聚糖和虾青素，接种疫苗引起的IFN-α1、Mx、IFN-γ、IL-12、TGF-β1、IL-10和CD4表达均显著增加。β-1，3/1，6-葡聚糖的添加增加了鲑鱼先天免疫和适应性免疫应答的关键基因的转录水平，增强了鲑鱼对模型疫苗和抗缺氧作用的反应。

1.4 多糖对肠道功能调节作用研究进展

肠道作为机体的重要器官，长期以来人们对其的认识只停留在肠道是机体营养物质消化和吸收的主要器官，可参与能量代谢调节。近年来，随着对机体组织器官研究的深入，人们发现肠道是微生物在体内最主要的寄居部位，是生物体免疫系统重要的组成部分，肠道功能的紊乱与许多疾病密切相关，肠道功能紊乱主要包括肠道黏膜免疫紊乱、肠道屏障损伤、肠道菌群功能失调等。目前的许多研究发现多糖类物质可以改善肠道功能，维持机体健康，是具有肠道功能调节作用的活性物质。多糖对肠道功能的调节主要通过免疫调节、肠道屏障保护及肠道菌群调节等方式进行。

1.4.1 免疫调节作用

肠道免疫系统紊乱所导致的炎症反应和自身免疫反应在疾病发展中的作用一直受到人们的关注。大量研究表明，多糖具有肠道免疫调节作用。饲粮中添加太子参茎叶多糖可使断奶仔猪十二指肠IL-4含量显著升高，0.1%多糖处理组十二指肠IFN-γ的含量显著升高，0.1%和0.15%多糖处理组回肠分泌型免疫球蛋白A的含量均显著升高，太子参茎叶多糖可提高仔猪的肠道免疫功能。酵母壁多糖可提高断奶仔猪回肠 CD4+、CD8+和 CD20+淋巴细胞含量，提高断奶仔猪的肠道免疫功能，缓解断奶应激。姜帆发现五味子多糖可促进肠道 SIgA 的分泌，SIgA 的含量与多糖剂量呈正相关，多糖处理组能通过增加 CD3+、CD4+表型辅助性 T 细胞不同亚群细胞数量而增大 Th 细胞与效应 T 细胞的比例。

1.4.2 肠道屏障保护作用

多糖类物质对肠道屏障的修复主要是通过维护肠道屏障结构的完整性、促进肠道细胞分泌黏蛋白、调控细胞紧密连接蛋白的表达等方式进行。茯苓多糖可增加急性胰腺炎大鼠小肠黏膜的厚度和绒毛的高度，减少上皮损伤。黄芪多糖可使大鼠结肠组织炎症细胞浸润数量显著减少，血清 D-LA 及结肠组织 DAO 水平降低，促进肠道黏膜增生修复，改善黏膜屏障通透性。荷花粉多糖（LP）能明显减轻 5-氟尿嘧啶（5-Fu）所致的小鼠结肠黏膜杯状细胞丢失、隐窝变浅及炎症细胞的浸润。

1.4.3 肠道菌群调节作用

肠道菌群长期以来一直被人们所忽视，随着分子生物学技术的发展，大量研究表明，肠道菌群广泛地参与机体的生命活动，其组成和功能情况与许多疾病密切相关。据报道，鱼类的胃肠道微生物群在营养和免疫方面起着关键作用。胃肠道菌群参与的主要营养功能包括消化、营养物质的利用和特定的氨基酸、酶、短链脂肪酸、维生素和矿物质的产生。此外，胃肠道微生物能够影响免疫状态、抗病性、存活率、饲料利用率，还可能具有防止宿主病原菌定植的作用。除了营养和免疫效应外，胃肠道微生物群在宿主代谢、黏膜发育和促进肠道成熟等方面也具有重要作用。"益生元"是一类能够被肠道菌群利用并具有选择性增加肠道内有益微生物功能的多糖，主要包括寡聚半乳糖、寡聚果糖以及菊粉等。Adeoye 在罗非鱼饲粮中添加外源酶和益生元后，通过高通量测序技术研究发现，罗非鱼的肠道菌组成主要为梭杆菌门，其次为变形菌门和厚壁菌门，α 和 β 多样性在饲粮添加后没有差别，表明整体微生物群落没有很大程度上受到外源酶和益生元添加的影响。Geraylou 通过 PCR-DGGE 方法分析了阿拉伯木聚糖寡糖（AXOS）对西伯利亚鲟幼鱼肠道菌群的影响，RDA 分析表明肠道菌群落的聚集与饲料类型明显相关，AXOS 处理主要刺激乳酸菌和梭菌的生长，AXOS 通过益生元的功能影响鲟鱼的健康，这种功能与 AXOS 结构有关，高聚合度的 AXOS 对鲟鱼肠道菌群的影响较大。

1.5 本研究的目的及意义

金针菇作为一种常见的食用保健菌，具有很高的营养价值和保健价值，目前已经得到了广泛栽培，但收获可食用部分后，剩余的大量菇脚未被有效利用。目前，农业上对于金针菇的研究主要集中在增加金针菇的产量方面，对于金针菇工业生产后废弃物的研究较少，而且主要集中在其多糖的构效关系和活性上，仍然缺乏金针菇菇脚多糖高效利用方面的研究。本课题组已有的研究发现，将金针菇菇脚作为肉鸡饲料添加剂，可促进肉鸡生长、提高免疫机能和改善肠道健康状况，而其作为鱼类饲料添加剂是否也可起到类似的作用未知。因此，本试验探讨了分级的乙醇浓度及纯化程度对金针菇菇脚多糖的体外抗氧化活性的影响，为金针菇菇脚多糖在功能性食品（饲料）或食品（饲料）添加剂工业中的高效利用提供重要依据；同时研究了金针菇菇脚在七彩鲑（*Salvelinus fontinalis*）幼鱼体内的抗氧化作用及对其生长、免疫及肠道菌群的影响，为将金针菇菇脚开发为鱼用绿色饲料添加剂提供重要依据。

第 2 章　金针菇菇脚多糖的分离制备及体外抗氧化性质的研究

近年来，人们越来越重视农业剩余物的有效利用，它们的有效利用为降低成本及解决剩余物带来的环境污染问题提供了一条新途径。金针菇菇脚是金针菇工业化生产企业收获金针菇食用部分后剩余的废弃物，仅中国每年可产生 10 余万吨的金针菇菇脚，在欧美、日韩等发达地区，这一数字甚至更高。目前金针菇菇脚大多被用作堆肥，这种方式既污染环境，又造成资源的浪费。金针菇菇脚中含有多糖、蛋白质等生物活性成分，有研究表明，金针菇多糖具有抗氧化、提高机体免疫力、抗菌、抗肿瘤等多种生物活性，而非食用部分则是一种高效、易获得的天然抗氧化成分来源。

机体生命活动中的氧化代谢过程会产生活性氧自由基（ROS），ROS 易引起组织损伤，引发多种疾病。若要避免相关疾病的发生，就要提高机体的防御机制，因此，具有抗氧化活性的天然产物近些年备受关注，抗氧化活性强弱直接影响其被利用的情况。很多研究发现，金针菇多糖具有抗氧化活性，而其抗氧化活性与多糖的提取方法和干燥方式有关。目前在增加金针菇的产量方面的研究很多，而对于金针菇工业生产后废弃物的研究较少，主要集中在其多糖构效关系和活性上，仍然缺乏金针菇菇脚多糖高效利用方面的研究。

本试验采用水提法提取金针菇菇脚多糖，在不同浓度乙醇分级下，使用链蛋白酶和 Sevage 法联合除蛋白，利用 DEAE-52 离子交换层析和 Sephadex G-100 凝胶过滤分别制备出不同乙醇浓度级份多糖和不同纯化程度的多糖，通过多糖的 DPPH 的清除试验、羟自由基的清除试验及超氧阴离子的清除试验，探讨分级的乙醇浓度及纯化程度对金针菇菇脚多糖的体外抗氧化性质的影响，为金针菇菇脚多糖在功能性食品（饲料）或食品（饲料）添加剂工业中的高效利用提供重要依据。

2.1 材料与方法

2.1.1 试验材料

金针菇菇脚（FVS）由吉林省长春雪国高榕生物技术有限公司（金针菇规范化生产）提供。

2.1.2 试验试剂

链蛋白酶、DEAE-52、Sephadex G-100、葡萄糖、半乳糖、甘露糖、木糖、岩藻糖、鼠李糖、阿拉伯糖、葡萄糖醛酸和半乳糖醛酸标准品均为SIGMA产品，DPPH为TCI产品，无水乙醇、正丁醇、氯仿、硫酸亚铁、水杨酸、过氧化氢、磷酸氢二钠、磷酸二氢钠、铁氰化钾、三氯乙酸、三氯化铁、三羟甲基氨基甲烷（Tris）、盐酸、邻苯三酚等均为国产分析纯。

2.1.3 试验仪器

试验仪器如表2-1所示。

表2-1 试验仪器

仪器名称	型号	生产厂家
离子色谱系统	Thermo ICS 5000 plus	美国赛默飞世尔科技有限公司
液相系统	LC-10ATvp泵，RID-10A示差检测器	日本岛津公司
高速冷冻离心机	GL-12LM	湖南星科科学仪器有限公司
真空冷冻干燥机	FD-1B-50	上海比朗仪器有限公司
真空干燥箱	DZF-0B	上海跃进医疗器械厂

续表

仪器名称	型号	生产厂家
电热恒温培养箱	202-1A	上海阳光实验化学仪器有限公司
恒流泵	BT1-100	上海琪特分析仪器有限公司
精密电子天平	JA2003	上海恒平科学仪器有限公司
自动部分收集器	BSZ-100-LCD	上海琪特分析仪器有限公司
梯度混合仪	TH-1000A	上海沪西分析仪器有限公司
酶标分析仪	DNM-9606	北京普朗新技术有限公司
电热恒温水浴锅	HHS	上海博讯实业有限公司医疗设备厂

2.1.4 试验方法

2.1.4.1 金针菇菇脚粗多糖的提取

金针菇菇脚经粉碎机粉碎后，95%乙醇回流3次，每次1 h，过滤，滤渣置于烘箱中干燥。以金针菇菇脚粉末：蒸馏水=1:30的比例混合，恒温水浴90℃加热2 h，过滤，用1.0%的活性炭进行脱色处理，过滤，滤液浓缩，冷却至室温后缓慢加入三倍体积的无水乙醇，置于冰箱中（4℃）静置过夜。3000 r/min离心10 min，收集沉淀，分别用乙醇、乙醚清洗沉淀物，离心，沉淀物真空干燥箱中45℃真空干燥过夜，得金针菇菇脚粗多糖。

2.1.4.2 金针菇菇脚多糖的冻融分级

5%金针菇菇脚粗多糖溶液，-20℃冷冻过夜，室温融化，当为冰水混合物时，高速冷冻离心（7000 r/min，4℃，10 min），弃沉淀，上清重复上述步骤，直至不再有沉淀为止，得冻融后多糖FVSP-1。FVSP-1溶液中加入无水乙醇，使乙醇终浓度为30%，4℃静置2 d，3000 r/min离心10 min，收集沉淀，真空干燥过夜，得金针菇菇脚多糖30%乙醇级份（FVSP30）。上清继续加入乙醇，使乙醇终浓度为45%、60%和75%（方法同上），得金针菇菇脚多糖45%乙醇级份（FVSP45）、60%乙醇级份（FVSP60）和75%乙醇级份

（FVSP75），用于不同乙醇级份多糖抗氧化活性的研究。

2.1.4.3 金针菇菇脚多糖的除蛋白

FVSP-1 配制成浓度为 5% 的糖液，加入链蛋白酶（蛋白∶酶=200∶1），混匀后倒入透析袋内，透析袋放入盛有生理盐水的锥形瓶中透析，加入 1~2 滴二甲苯防腐，置于 37℃ 的恒温培养箱中，48 h 后取出，浓缩至原体积，按糖液总体积 1/4，加入 Sevage 试剂（氯仿∶正丁醇=4∶1），置于摇床上充分振荡（1~2 h），静置，离心（3000 r/min，10 min）取上清，反复离心直至没有游离的蛋白质为止，冻干得 FVSP-2。

2.1.4.4 金针菇菇脚多糖的柱层析分离

DEAE-52 离子交换柱层析：100 mg FVSP-2 加入 5 mL 蒸馏水溶解，离心 15 min（4000 r/min），DEAE-52 制备柱（2.6×30 cm）层析，用蒸馏水洗脱，自动部分收集器收集，酚—硫酸法测糖含量，收集洗脱产物，透析浓缩、冻干后的多糖用于 Sephadex G-100 柱层析。

Sephadex G-100 凝胶柱层析：称取 150 mg DEAE-52 柱层析得到的多糖溶解于 10 mL 蒸馏水中，离心 15 min（4000 r/min），上清液 Sephadex G-100 柱层析（2.6×90 cm），蒸馏水洗脱，自动部分收集器收集，酚—硫酸法测糖含量，截取峰尖的几管，浓缩、冻干后得 FVSP-3。FVSP-1、FVSP-2、FVSP-3 用于不同纯化程度多糖抗氧化活性的研究。

2.1.4.5 多糖及蛋白质含量的测定

多糖的含量采用苯酚—硫酸法测定，蛋白质含量采用考马斯亮蓝 G-250 法测定。

2.1.4.6 FVSP-3 的单糖组成测定

高效阴离子色谱法（HPAEC-PAD）测定单糖组成。以葡萄糖、半乳糖、甘露糖、木糖、岩藻糖、鼠李糖、阿拉伯糖、葡萄糖醛酸和半乳糖醛酸为单糖对照品测定。

（1）多糖甲醇解及酸水解：准确称取干燥的 FVSP-3 2.0 mg 置于酸水解小瓶中，加入无水 HCl—甲醇 1 mL，80℃ 甲醇解 16 h，冷至室温后用空气泵吹干，再加入 1.0 mL 2 mol/L 三氟乙酸（TFA），120℃ 水解 1 h。将水解液转入蒸发皿中，向蒸发皿中加入适量无水乙醇，在水浴上蒸干，除去TFA。

（2）色谱条件。

色谱系统：Thermo ICS 5000 plus 离子色谱系统；

检测器：PAD；

色谱柱型号：CarboPac PA20（150×3 mm）；

进样方式及上样量：自动进样，上样量为 25 μL；

流速：0.4 mL/min。

2.1.4.7 FVSP-3的分子量测定

高效凝胶渗透色谱法（HPGPC）测定分子量。

（1）实验步骤：取 FVSP-3 溶于 0.2 mol/L NaCl 中，配成浓度为 5 mg/mL 的溶液，过滤后取 20 μL 溶液进行高效凝胶渗透色谱法（HPGPC）分析，使用分子量为 50 kDa、25 kDa、12 kDa、5 kDa 和 1 kDa 的标准葡聚糖对照品做线性回归分析计算多糖分子量。

（2）色谱条件。

液相系统：岛津 LC-10ATvp 泵，岛津 RID-10A 示差检测器；

色谱柱型号：TSK-Gel G3000PWXL Column 300×7.8 mm；

流动相：0.2 mol/L NaCl；

上样量：15 μL；

流速：0.6 mL/min。

2.1.4.8 金针菇菇脚多糖抗氧化试验

2.1.4.8.1 金针菇菇脚多糖对DPPH（1,1-二苯基-2-三硝基苯肼自由基）的清除作用

采用 DPPH 还原法：将待测糖样精确配置成浓度为 0.2 mg/mL、0.4 mg/mL、0.6 mg/mL、0.8 mg/mL、1.0 mg/mL 的溶液，取各浓度溶液 1 mL，加入 3 mL DPPH（4.9 mmol/L），震荡混匀后置于暗处，室温条件下反应 30 min，用无水乙醇调零，在 517 nm 波长处测定吸光度（A_x）；空白组用 1 mL 无水乙醇代替样品溶液，其余处理同上，在 517 nm 波长处测定吸光度（A_0）；对照组用 3 mL 无水乙醇代替 DPPH 溶液，其余处理同上，在 517 nm

波长处测定吸光度（A_{x_0}）；并用相同浓度的维生素 C 水溶液与之对比，每组样品溶液进行 3 次平行试验。清除率按公式（2-1）计算。

$$DPPH\ 自由基清除率(\%) = [1 - (A_x - A_{x_0})/A_0] \times 100 \quad (2-1)$$

其中：A_0 为标准空白管的吸光值；A_x 为测定管的吸光值；A_{x_0} 为对照管的吸光值。

2.1.4.8.2 金针菇菇脚多糖对羟自由基（·OH）的清除作用

采用水杨酸法：取各浓度糖液 2 mL 分别加入试管中，加入 $FeSO_4$ 溶液（9 mmol/L）和水杨酸—乙醇溶液（9 mmol/L）各 1 mL，混匀后加入 1 mL H_2O_2 溶液（8.8 mmol/L），37℃水浴加热 30 min，用蒸馏水调零，在 510 nm 波长处测定吸光度（A_x）；空白组用 1 mL 蒸馏水代替糖液，其余处理同上，在 510 nm 波长处测定吸光度（A_0）；对照组用 1 mL 蒸馏水代替 H_2O_2 溶液，其余处理同上，在 510 nm 波长处测定吸光度（A_{x_0}）；用相同浓度的维生素 C 水溶液与之对比，每组样品溶液进行 3 次平行试验。清除率按公式（2-2）计算。

$$羟自由基清除率(\%) = [1 - (A_x - A_{x_0})/A_0] \times 100 \quad (2-2)$$

其中：A_0 为标准空白管的吸光值；A_x 为测定管的吸光值；A_{x_0} 为对照管的吸光值。

2.1.4.8.3 金针菇菇脚多糖对超氧阴离子（O^{2-}·）的清除作用

采用邻苯三酚自养化法：在试管中加入 Tris-HCl 缓冲液（pH 8.2, 50 mmol/L）4.5 mL，25℃水浴锅中预热 20 min，分别加入 0.1 mL 不同浓度的糖液和 0.4 mL 浓度为 0.5 mmol/L 的邻苯三酚溶液，混匀后 25℃水浴中反应 5 min，加入 2 滴 HCl（8.8 mol/L）终止反应，320 nm 处测定吸光度（A_i），空白对照组以相同体积的蒸馏水代替，并用相同浓度的维生素 C 水溶液与之对比，每组样品溶液进行 3 次平行试验。清除率计算式为（2-3）。

$$超氧阴离子清除率(\%) = [(A_0 - A_i)/A_0] \times 100 \quad (2-3)$$

其中：A_0 为标准空白管的吸光度；A_i 为测定管的吸光度。

2.1.4.9 统计分析

结果以平均值±标准差（SD）表示。使用 SPSS 23 软件和 ANOVA 进行数据分析。$P<0.05$ 代表具有显著差异。

2.2 结果与分析

2.2.1 FVSP-3 的纯化及理化性质分析

粗多糖冻融后的 FVSP-1，经除蛋白得 FVSP-2，利用 DEAE-52 离子交换色谱柱基于离子的基团种类和数量的差异对其进行纯化，通过蒸馏水洗脱得到多糖（图 2-1）。经 Sephadex G-100 凝胶过滤根据分子分布进一步纯化，如图 2-2 所示，在凝胶色谱图中显示为单对称峰，随后通过浓缩、冻干，得到 FVSP-3 用于后续研究。

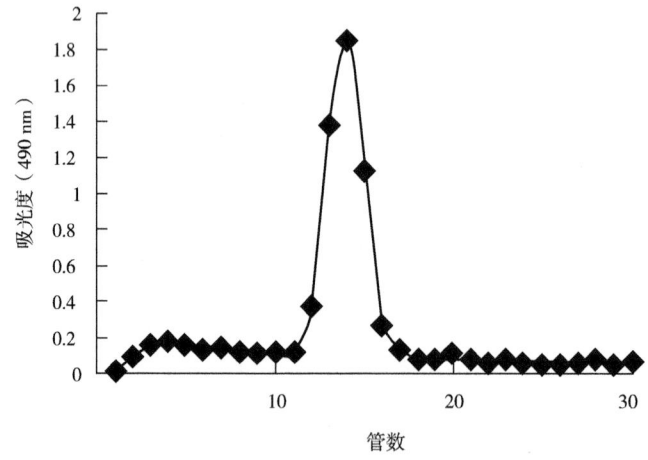

图 2-1 DEAE-52 色谱柱蒸馏水洗脱图

金针菇菇脚多糖的糖含量和蛋白质含量见表 2-2。不同乙醇浓度分级得到的多糖 FVSP30、FVSP45、FVSP60 和 FVSP75 中，FVSP60 糖含量最高，FVSP75 蛋白质含量最高。FVSP-1、FVSP-2 和 FVSP-3 中，FVSP-3 具有最高的糖含量和最低的蛋白质含量。

第2章 金针菇菇脚多糖的分离制备及体外抗氧化性质的研究

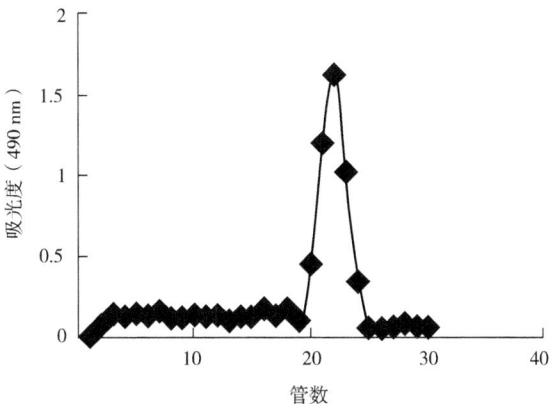

图 2-2 Sephadex G-100 色谱柱洗脱图

表 2-2 金针菇菇脚多糖的糖含量和蛋白质含量

样品	多糖纯度/%	蛋白质含量/%
FVSP30	45.17±2.22	4.46±1.03
FVSP45	79.19±1.27	12.09±0.60
FVSP60	81.28±1.25	10.84±0.39
FVSP75	66.82±0.93	18.28+1.13
FVSP-1	60.85±1.05	10.84±0.66
FVSP-2	77.00±0.66	2.71±0.78
FVSP-3	93.80±1.05	0.52±0.29

注：数据以平均值±标准差表示（$n=3$）。

采用高效凝胶渗透色谱法（HPGPC）测定 FVSP-3 分子量，V_0=6.169 mL，V_t=12.559 mL，V_t-V_0=6.39 mL，出峰时间为 12.1 min，标准曲线为：$y=-0.1938x+0.9977$，$r=0.9989$，测得平均分子量为 21 kDa（图 2-3）。

采用高效阴离子色谱法（HPAEC-PAD）测定 FVSP-3 的单糖组成，主要

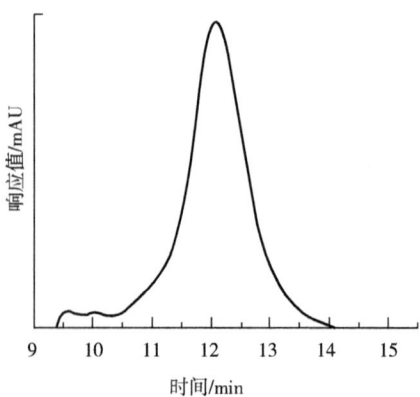

图 2-3　HPGPC 法分析 FVSP-3 的分子量

由半乳糖、葡萄糖、甘露糖、木糖、岩藻糖和半乳糖醛酸组成，其摩尔比为 4.89∶3.80∶3.30∶2.07∶1.73∶1，见图 2-4。

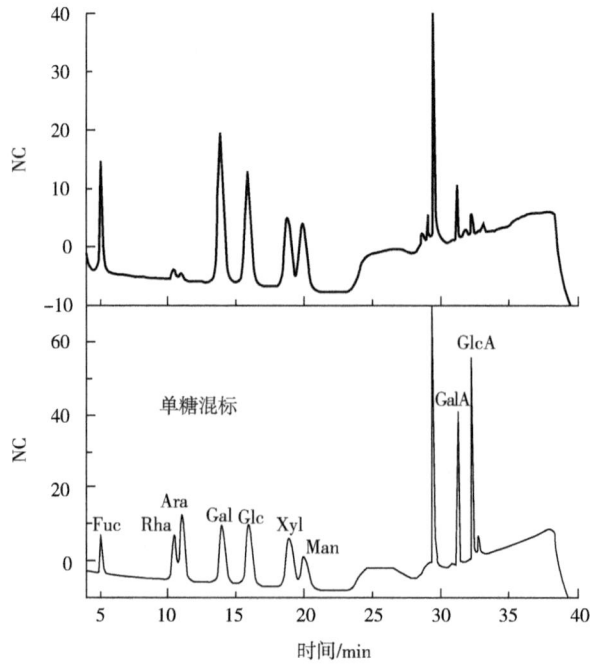

图 2-4　HPAEC-PAD 法分析 FVSP-3 的单糖组成

2.2.2 不同乙醇浓度分级的金针菇菇脚多糖抗氧化活性分析

2.2.2.1 DPPH 的清除能力分析

DPPH 自由基的清除能力是评估抗氧化能力的常用方法,不同乙醇浓度分级得到的金针菇菇脚多糖的 DPPH 自由基的清除能力结果见图 2-5,由图可知,在试验研究范围内,维生素 C 和 FVSP30 的清除作用变化不明显,而 FVSP45、FVSP60 和 FVSP75 清除作用随着多糖浓度的增加而增加,呈现出剂量依赖效应。FVSP45、FVSP60 和 FVSP75 的 EC_{25} 值分别为 0.794 mg/mL、0.588 mg/mL 和 0.502 mg/mL,DPPH 自由基的清除能力:FVSP45<FVSP60<FVSP75。

不同乙醇浓度分级得到的金针菇菇脚多糖对 DPPH 自由基的清除效果不同,随着分级时乙醇浓度的逐渐增大,得到的多糖对 DPPH 自由基的清除作用也逐渐增强。FVSP75 在浓度为 1.0 mg/mL 时,具有最好的 DPPH 的清除能力 ($P<0.05$)。

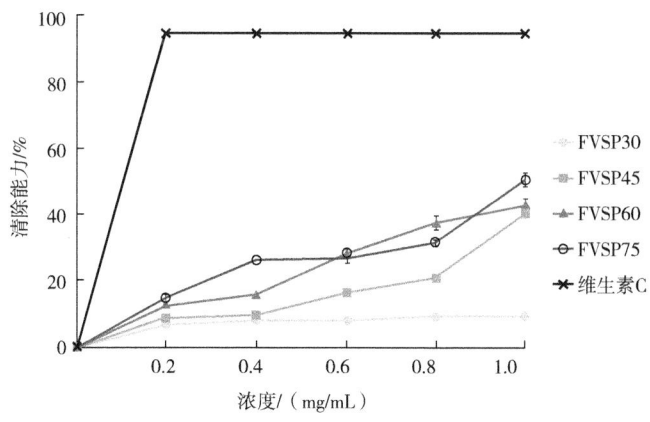

图 2-5 金针菇菇脚多糖不同乙醇级份对 DPPH 的清除能力影响

2.2.2.2 羟自由基 (·OH) 的清除能力分析

羟自由基是生物体产生的有害的自由基之一,羟自由基的清除对机体氧化损伤具有保护作用。FVSP45、FVSP75 和维生素 C 在所选的浓度范围内，清除羟自由基的能力具有量效关系，而 FVSP30 和 FVSP60 的清除能力随浓度的变化增加不明显（图 2-6）。FVSP45 和 FVSP75 的 EC_{25} 值分别为 1.093 mg/mL 和 0.718 mg/mL，FVSP75 的羟自由基的清除能力高于 FVSP45。

不同乙醇浓度分级得到的多糖对羟自由基（·OH）的清除能力不同，在浓度为 1.0 mg/mL 时，FVSP75 的清除能力最强（$P<0.05$），FVSP30 和 FVSP60 的清除能力几乎相等，且清除能力较低。

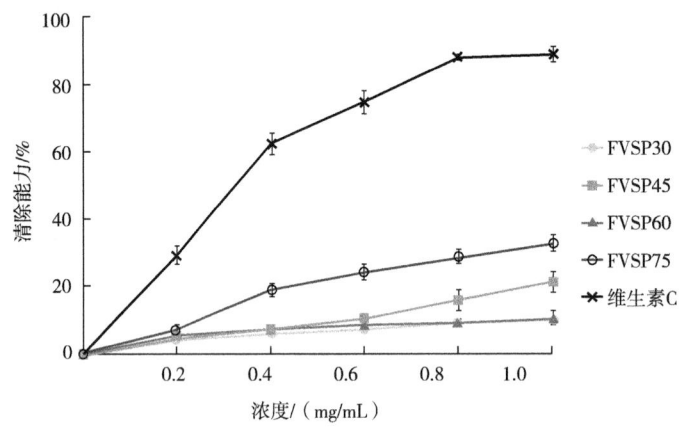

图 2-6 金针菇菇脚多糖不同乙醇级份对·OH 清除能力影响

2.2.2.3 超氧阴离子（$O_2^- \cdot$）的清除能力分析

体内产生的超氧阴离子（$O_2^- \cdot$）在引起脂质、蛋白质和 DNA 中产生氧化损伤的 ROS 形成过程中起着重要作用，清除超氧阴离子的能力也是抗氧化活性的考量指标。不同乙醇浓度分级得到的金针菇菇脚多糖和维生素 C 对超氧阴离子的清除能力均产生剂量依赖效应，随着浓度的升高清除能力增大（图 2-7）。FVSP30、FVSP45、FVSP60 和 FVSP75 的 EC_{50} 值分别为 0.891 mg/mL、0.997 mg/mL、0.633 mg/mL 和 0.513 mg/mL。超氧阴离子的清除能力：FVSP45<FVSP30<FVSP60<FVSP75。

不同乙醇浓度分级得到的金针菇菇脚多糖对 $O_2^- \cdot$ 的清除能力存在差异，其中，FVSP30 在浓度为 0.2~0.6 mg/mL 时，清除能力小于 FVSP45；而在浓度为 0.8 mg/mL 时却高于 FVSP45；在浓度为 1.0 mg/mL 时，二者清除效果相近；FVSP75 的 $O_2^- \cdot$ 清除能力在所选浓度范围内均高于其他浓度乙醇分级得到的多糖（$P<0.05$）。

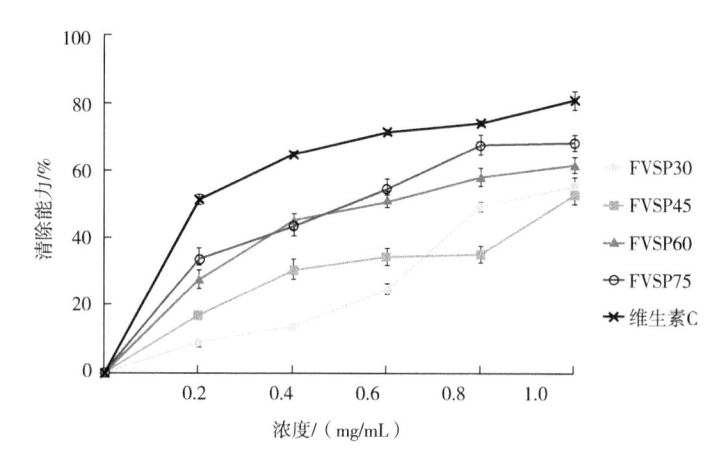

图 2-7　金针菇菇脚多糖不同乙醇级份对 $O_2^- \cdot$ 的清除能力影响

2.2.3　不同纯化程度金针菇菇脚多糖抗氧化活性分析

2.2.3.1　DPPH 的清除能力分析

FVSP-1、FVSP-2、FVSP-3 和维生素 C 的 DPPH 自由基的清除能力见图 2-8，在试验浓度范围内，阳性对照维生素 C 的清除能力变化不大，而金针菇菇脚多糖的清除能力呈现了剂量依赖效应。当浓度为 1.0 mg/mL 时，FVSP-1 的清除能力最大，但与 FVSP-2、FVSP-3 差异不显著（$P>0.05$）。FVSP-1、FVSP-2 和 FVSP-3 的 EC_{25} 值分别为 0.220 mg/mL、0.324 mg/mL 和 0.557 mg/mL。DPPH 自由基的清除能力：FVSP-3<FVSP-2<FVSP-1。

金针菇菇脚多糖的纯化程度直接影响了其对 DPPH 的清除能力，多糖纯化程度越高，DPPH 的清除能力越小。

2.2.3.2　羟自由基（·OH）的清除能力分析

由图 2-9 可知：维生素 C 和不同纯化程度的金针菇菇脚多糖对羟自由基

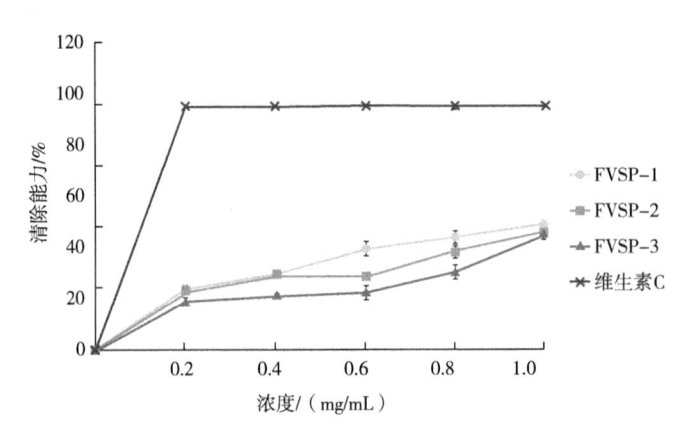

图 2-8　不同纯化程度金针菇菇脚多糖对 DPPH 的清除能力影响

均有一定的清除作用。维生素 C 对羟基自由基的清除作用随着浓度的增加而明显增强，FVSP-1 对羟基自由基的清除作用随着浓度的增加变化不大，而 FVSP-2、FVSP-3 的清除能力随着浓度的增加而增大。FVSP-2 和 FVSP-3 的 EC_{25} 值分别为 0.655 mg/mL 和 0.755 mg/mL，FVSP-2 的羟基自由基的清除能力大于 FVSP-3。

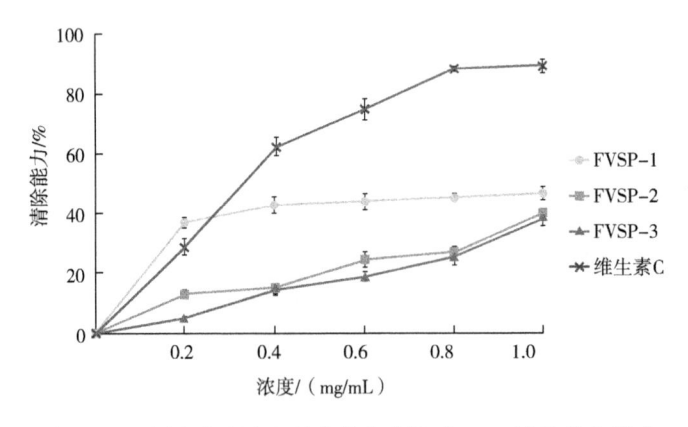

图 2-9　不同纯化程度金针菇菇脚多糖对·OH 清除能力影响

金针菇菇脚多糖对羟自由基的清除能力与多糖的纯化程度相关，FVSP-1 对羟基自由基的清除能力明显高于 FVSP-2、FVSP-3，当浓度为 1 mg/mL 时，FVSP-1 对羟基自由基的清除能力最高（$P<0.05$）。

2.2.3.3 超氧阴离子（$O^{2-}\cdot$）的清除能力分析

不同纯化程度的金针菇菇脚多糖均具有较好的超氧阴离子的清除能力，说明具有较好的抗氧化活性（图2-10）。维生生C和金针菇菇脚多糖对超氧阴离子的清除作用随浓度的增加而增大，当浓度达到1.0 mg/mL时，清除能力达到最大值。FVSP-1、FVSP-2和FVSP-3的EC_{25}值分别为0.262 mg/mL、0.313 mg/mL和0.637 mg/mL。超氧阴离子的清除能力：FVSP-3<FVSP-2<FVSP-1。

多糖的纯化程度不同，对超氧阴离子的清除作用不同，浓度在0.4 mg/mL以下时，FVSP-1和FVSP-2清除超氧阴离子的能力几乎相等，随着浓度的升高，纯化程度对超氧阴离子的清除作用影响明显。在浓度为1.0 mg/mL时，FVSP-1清除能力最强（$P<0.05$），达到58.73%，而FVSP-2和FVSP-3的清除能力几乎相同。

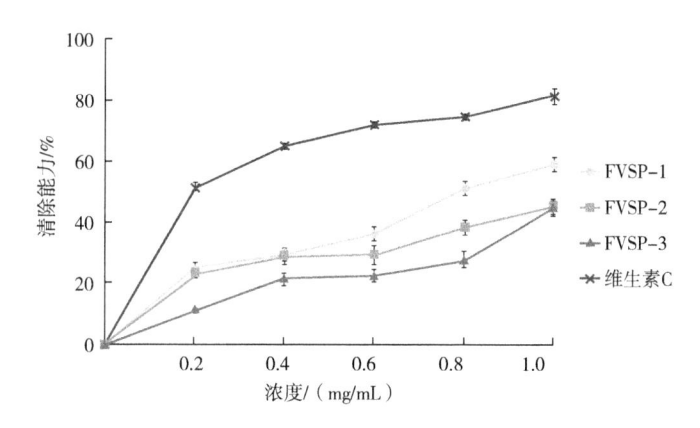

图2-10 不同纯化程度金针菇菇脚多糖对$O^{2-}\cdot$的清除能力影响

2.3 讨论

自由基，是指化合物的分子共价键发生均裂而形成的具有不成对电子的原子或基团，包括羟自由基、超氧阴离子等，是机体氧化代谢过程中的正常代谢产物。在正常情况下，自由基在体内处于动态平衡，一旦平衡被打破，就会对机体造成伤害，从而引发各种疾病。因此为提高机体的防御机制，获得天然抗氧化成分并确定其抗氧化作用尤为重要。

2.3.1 金针菇菇脚多糖 FVSP-3 的理化性质

采用高效凝胶渗透色谱法（HPGPC）测得 FVSP-3 平均分子量为 21 kDa，低于报道的金针菇残渣中性多糖分子量 29 kDa。

采用高效阴离子色谱法（HPAEC-PAD）测定 FVSP-3 的单糖组成，主要由半乳糖、葡萄糖、甘露糖、木糖、岩藻糖和半乳糖醛酸组成，其摩尔比为 4.89∶3.80∶3.30∶2.07∶1.73∶1。其单糖组成和摩尔比不同于之前报道的金针菇残渣中多糖由葡萄糖、半乳糖、甘露糖和木糖组成，摩尔比为 4.24∶13.98∶1.82∶1。产生这种差异的原因可能与原料和提取方法有关。有报道指出 4 种不同提取方法得到的金针菇多糖的单糖组成和摩尔比不同。

真菌多糖的理化性质是其抗氧化活性的基础，多糖的分子量、单糖组成和结构特征均可影响其生物活性，在以后的研究中将深入探讨金针菇菇脚多糖不同馏分的理化性质及生物活性，分析其构效关系，为金针菇菇脚的合理高效利用提供理论依据。

2.3.2 不同乙醇浓度分级的金针菇菇脚多糖抗氧化作用

本试验的结果表明，金针菇菇脚多糖对各体系的自由基均有一定的清除能力，并且随着分级过程中乙醇浓度（30%、45%、60%、75%）的增加，对自由基的清除能力逐渐增大，尤其是浓度为 1.0 mg/mL 的 75%乙醇分级获得的多糖，清除效果最佳。不同浓度乙醇分级会得到不同的多糖产物，乙醇浓度低，抗氧化活性弱，随着乙醇浓度的升高，获得的多糖的抗氧化活性增强。这与其他学者对多糖抗氧化活性研究的结果相一致，李红法等对黄芪多糖的理化性质和抗氧化活性研究结果表明，黄芪多糖的相对分子质量随着分级时乙醇浓度的升高而降低，抗氧化活性随着乙醇浓度的升高而增强，90%乙醇沉淀获得的多糖相对分子质量较小，抗氧化活性最强；铁皮石斛多糖的相对分子质量随着分级乙醇浓度的升高而降低，抗氧化活性随着乙醇浓度的升高而增强，铁皮石斛多糖 DOP80 相对分子质量较小，抗氧化活性最强。这些研究均与本研究结果相同。

2.3.3 不同纯化程度金针菇菇脚多糖抗氧化作用

不同纯化程度的3种金针菇菇脚多糖（FVSP-1、FVSP-2 和 FVSP-3）均具有较好的抗氧化作用，能够清除各体系的自由基。随着多糖的冻融、除蛋白和柱层析，多糖纯化程度提高，其对自由基的清除能力逐渐减小，抗氧化作用逐渐减弱，试验范围内纯化程度最低的 FVSP-1 在浓度为 1.0 mg/mL 时，抗氧化活性最佳。3 种肉苁蓉多糖 CDP-A、CDP-B 和 CDP-C，纯度较小的 CDP-C 具有较好的抗氧化活性。金针菇残渣中提取的多糖 FVRP-1，FVRP-2 和 FVRP-3 中 FVRP-2 纯度最小，对自由基的清除能力最大，抗氧化活性最强。这均与本试验的研究结果相同。纯化程度越大，抗氧化活性越小的原因可能是：①纯化过程中只分离出多糖组分中一种均一组分，消除了各组分的共同作用，使抗氧化活性减弱。②提取物中的非多糖成分也可能具有抗氧化作用。

2.4 小结

不同浓度乙醇分级获得的金针菇菇脚多糖抗氧化试验表明，金针菇菇脚多糖对各体系的自由基均有一定的清除能力，并且随着分级过程中乙醇浓度（30%、45%、60%、75%）的增加，对自由基的清除能力逐渐增大，尤其是浓度为 1.0 mg/mL 的 75% 乙醇级份，清除效果最佳。

不同纯化程度金针菇菇脚多糖抗氧化试验表明，不同纯化程度的金针菇菇脚多糖（FVSP-1、FVSP-2 和 FVSP-3）均具有较好的抗氧化作用，能够清除各体系的自由基。在试验范围内，随着多糖纯化程度提高，其对自由基的清除能力也不断减弱，抗氧化作用逐渐减弱，试验范围内 FVSP-1

在浓度为 1.0 mg/mL 时，抗氧化活性最佳。

因此，在利用金针菇菇脚多糖开发功能产品时，可考虑利用较高浓度的乙醇提取分子量合适的多糖，或省去烦琐的纯化步骤，直接利用纯化程度较低的多糖。这些发现为金针菇菇脚的高效利用奠定了理论基础。

第3章 金针菇菇脚对七彩鲑幼鱼抗氧化能力及生长性能的影响

从第2章的结果可知,金针菇菇脚多糖具有较好的体外抗氧化活性,而纯化程度较低的粗多糖抗氧化活性较好,本章采用常规的多糖提取方法——水提法获得金针菇菇脚粗多糖提取液,将金针菇菇脚提取液和金针菇菇脚粉作为饲料添加剂,研究金针菇菇脚多糖在动物体内的抗氧化活性。由于多糖的抗氧化活性与动物的生长、免疫、肠道菌群等相关,因此在研究体内外抗氧化性质的同时,后续的试验又研究了其对生长性能、免疫及肠道菌群的影响,为将其开发为绿色饲料添加剂提供理论依据。

在我国,水产动物养殖业的比重不断增大,而伴随集约化养殖模式的迅猛发展,养殖密度过高、投饲频率增加、养殖环境恶化日益严重,致使病害频发。随着科学技术的发展,人们也逐渐重视起了化学合成饲料添加剂的毒副作用,因此寻找具有免疫增强作用的绿色饲料添加剂成为研究的热点。据报道,香菇多糖作为饲料添加剂,可以显著提高黄颡鱼溶菌酶、超氧化物歧化酶和过氧化氢酶的活力,并降低攻毒后鱼体的死亡率。杂交鳢的饲料中添加不同水平黄芪多糖可使鱼体的增重率均有所增加,肝脏和血清中过氧化氢酶和超氧化物歧化酶活力显著升高,丙二醛含量显著降低。饲料中添加酵母免疫多糖可显著提高黄河鲤的增重率和非特异性免疫能力,改善其生长性能。金针菇菇脚作为金针菇工业生产后的废弃物,其中仍含有 Fe、Ca、Zn、Mg 等微量元素,纤维素,半纤维素,木质素,多糖,粗蛋白和脂肪等物质,而其中的多糖具有抗氧化、保护肾脏和抗肿瘤作用。七彩鲑作为硬骨鱼纲、鲑形目、鲑科、红点鲑属的杂食性鱼类,其肉质鲜美,营养丰富,营养价值极高,在我国东北地区的淡水渔业中占有重要地位。因此本章以七彩鲑幼鱼为研究对象,研究金针菇菇脚对七彩鲑幼鱼抗氧化能力及生长性能的影响，为金针菇菇脚的合理利用及七彩鲑的绿色健康养殖提供理论依据。

3.1 材料和方法

3.1.1 试验动物、材料和试剂

七彩鲑幼鱼，平均体重为（13.34±0.08）g，由吉林省长白细鳞红点鲑养殖场提供；金针菇菇脚（FVS）由吉林省长春雪国高榕生物技术有限公司（金针菇规范化生产）提供；凯氏烧瓶、滴定管、凯氏蒸馏装置、干燥器、吸滤瓶、坩埚等；总蛋白定量测试试剂盒、过氧化氢酶（CAT）试剂盒、超氧化物歧化酶（SOD）试剂盒、丙二醛（MDA）试剂盒、总抗氧化能力（T-AOC）检测试剂盒购于南京建成生物工程研究所；浓硫酸、氢氧化钠、石油醚、硼酸、盐酸、无水乙醇、冰醋酸等均为国产分析纯。

3.1.2 试验仪器

试验仪器如表 3-1 所示。

表 3-1 试验仪器

仪器名称	型号	生产厂家
精密电子天平	JA2003	上海恒平科学仪器有限公司
电热鼓风干燥箱	GZX-9140MBE	上海博讯实业有限公司医疗设备厂
石墨消解仪	SH220N	山东海能科学仪器有限公司
马弗炉	SX2-4-10N	上海一恒科学仪器有限公司
全自动蛋白质分析仪	FP-528	Leco 公司
全自动索氏抽提仪	2055	Foss 公司

续表

仪器名称	型号	生产厂家
粉碎机	BF-10	石家庄本辰机电设备有限公司
匀浆机	FSH-21	常州市金坛区环宇科学仪器厂
电热恒温水浴锅	HHS	上海博讯实业有限公司医疗设备厂
旋涡混合器	XW-80A	海门市其林贝尔仪器制造有限公司
高速台式冷冻离心机	Eppendorf 5424R	艾本德有限公司
可见分光光度计	721	上海光学仪器一厂

3.1.3 试验饲料

3.1.3.1 金针菇菇脚粉及多糖粗提液的制备

金针菇菇脚置于干燥箱60℃烘干，粉碎机粉碎后过40目筛，作为金针菇菇脚粉饲料的添加物。以金针菇菇脚粉末：蒸馏水=1：30的比例混合，恒温水浴锅加热至90℃，2 h后冷却过滤，浓缩至原体积的1/5，制成金针菇菇脚多糖粗提液，用于金针菇菇脚提取液饲料的配制。

3.1.3.2 试验饲料的配置

试验饲料中采用秘鲁鱼粉作为动物蛋白源，豆粕为植物蛋白源，鱼油和大豆油为脂肪源，配制对照组饲料（CK组）、金针菇菇脚粉饲料（FVS组）和金针菇菇脚提取液饲料（FVSE组）。试验饲料配方及营养水平见表3-2。其中FVS组多糖含量为0.04%，FVSE组多糖含量为0.05%。

表3-2 试验饲料配方及营养水平（%干物质）

饲料组成	对照组	FVS组	FVSE组
秘鲁鱼粉 Peru fish meal	50	50	50
豆粕 soybean meal	15	15	15
鱼油 fish oil	7	7	7

续表

饲料组成	对照组	FVS 组	FVSE 组
大豆油 soybean oil	7	7	7
大豆卵磷脂 soy lecithin	1	1	1
复合维生素 vitamin mixture[a]	0.3	0.3	0.3
复合矿物质 mineral mixture[b]	2	2	2
玉米淀粉 corn starch	10	10	10
磷酸二氢钙 monocalcium phosphate	2	2	2
羧甲基纤维素 carboxymethyl cellulose	3	3	3
氯化胆碱 choline chloride	0.4	0.4	0.4
纤维素 cellulose	2.25	0.25	0.25
乙氧基喹啉 ethoxy quinoline	0.05	0.05	0.05
FVS	0	2	0
FVSE	0	0	2
合计 Total	100	100	100
成分 proximate composition			
蛋白 protein（N×6.25）	44.78	44.61	44.12
脂肪 lipid	21.05	21.78	21.33
多糖 polysaccharides	0	0.04	0.05

注：[a] 复合维生素（IU 或 g/kg）：维生素 A, 2500000 IU；维生素 D_3, 500000 IU；维生素 E, 6700 IU；维生素 C, 0.1；维生素 B_1, 10；维生素 B_2, 6；维生素 B_6, 12；烟酸, 40；泛酸, 15；生物素, 0.25；叶酸, 0.4；肌醇, 200；维生素 B_{12}, 0.02；维生素 K, 4。

[b] 复合矿物质（g/kg）：$FeC_6H_5O_7$, 4.57；$ZnSO_4 \cdot 7H_2O$, 9.43；$MnSO_4 \cdot H_2O$, 4.14；$CuSO_4 \cdot 5H_2O$, 6.61；$MgSO_4 \cdot 7H_2O$, 238.97；KH_2PO_4, 233.2；NaH_2PO_4, 137.03；$C_6H_{10}CaO_6 \cdot 5H_2O$, 34.09；$CoCl_2 \cdot 6H_2O$, 1.36。

原料粉碎后过 80 目筛，逐级混匀后置于饲料颗粒机中加工成粒径 2.0 mm 的颗粒料，60℃烘干后-20℃保存备用。

3.1.4 饲养试验分组及管理

试验用七彩鲑幼鱼购于吉林长白细鳞红点鲑养殖厂，进行7 d的商业饲料驯化饲养，每天9：00、17：00各投喂1次。试验开始前停止投喂24 h，挑选规格整齐、体质健壮的270尾鱼［平均体重为（13.34±0.08）g］，随机分为3组，每组3个重复，共分配到室外9个浮筏式网箱（1 m×1.5 m×2.0 m）中，每箱30尾。日投饵2次（9：00、17：00），各组均饱食投喂。饲养试验从2017年5月9日—7月29日，共计81 d。

3.1.5 样本收集

试验结束前，禁食24 h，每箱随机挑选6尾鱼，测量体长、称鱼体重量，其中3尾用于全鱼营养成分分析；剩余3尾静脉取血后，冰盘中解剖，内脏取出后用4℃生理盐水冲洗，滤纸吸干生理盐水，分离出肝胰脏，准确称量肝胰脏重量；全鱼和肝胰脏样品置于-80℃保存备用。

3.1.6 指标测定

3.1.6.1 生长指标测定

根据记录和测定所得的数据计算增重（weight gain，WG）、特定生长率（specific growth rate，SGR）、饲料转化率（feed conversion ratio，FCR）、肝体指数（hepatosomatic index，HSI）、肥满度（condition factor，CF）和成活率（survival rate，SR）指标，按以下公式计算。

$$增重（WG, g） = m_t - m_0 \tag{3-1}$$

$$特定生长率（SGR, \% \cdot d^{-1}） = (\ln m_t - \ln m_0)/t \times 100 \tag{3-2}$$

$$饲料转化率（FCR） = m/(m_t - m_0) \tag{3-3}$$

$$肝体指数（HIS, \%） = m_h/m_t \times 100 \tag{3-4}$$

$$肥满度（CF, g/cm^3） = m_t / L^3 \times 100 \qquad (3-5)$$

$$成活率（SR,\%） = n_t / n_0 \times 100 \qquad (3-6)$$

式中，m_0、m_t 分别为初始和终末鱼体质量（g）；t 为试验时间（d）；m 为摄入饲料质量（g）；m_h 为终末肝胰脏质量（g）；L 为鱼体长（cm）；n_0 和 n_t 分别为初始和终末存活鱼体数量（尾）。

3.1.6.2 营养指标测定

采用 AOAC 的标准方法。样品烘箱中 105℃ 烘至恒重，测定水分的含量；碳化后样品置于马弗炉 600℃ 至恒重，测定灰分的含量；采用全自动蛋白质分析仪测定蛋白质含量；采用全自动索氏抽提仪测定脂肪含量。

3.1.6.3 酶液的提取

肝胰脏样品于 4℃ 下解冻，剪碎后称取 1 g 左右肝胰脏样品于离心管中，按重量（g）：体积（mL）= 1：9 的比例，加入 9 倍体积的生理盐水，冰水浴条件下 10000 r/min 机械匀浆（匀浆时间 8 s/次，间隔 30 s，连续 4 次），匀浆液离心 10 min（3000 r/min），取部分上清于 -80℃ 保存，用于 T-AOC 活性测定。剩余上清再用生理盐水按 1：9 的比例稀释成 1% 的组织匀浆，分装后 -80℃ 保存，用于 SOD、CAT 活性和 MDA、总蛋白质含量的测定。

3.1.6.4 蛋白质含量的测定

肝胰脏酶液中总蛋白质含量的测定应用总蛋白定量测试试剂盒（南京建成生物工程研究所），采用 BCA 法测定。

3.1.6.5 酶活力的测定

肝胰脏酶液中总抗氧化能力（T-AOC）、超氧化物歧化酶（SOD）活性、过氧化氢酶（CAT）活性、丙二醛（MDA）含量分别采用相应的测定试剂盒（南京建成生物工程研究所），按照说明书方法测定。样品的总抗氧化能力用总抗氧化能力单位表示，37℃ 时，每分钟每毫克蛋白，使反应体系的吸光度（OD）值每增加 0.01 时，为 1 个总抗氧化能力单位。SOD 活力单位定义为反应体系中 SOD 抑制率达 50% 时所对应的酶量。CAT 活力单位定义为每毫克组织蛋白每秒分解 1 μmol 的 H_2O_2 的量。

第3章 金针菇菇脚对七彩鲑幼鱼抗氧化能力及生长性能的影响

3.1.6.6 统计分析

数据用平均数±标准差表示，进行单因素方差分析，差异极显著水平设定为 $P<0.01$，差异显著水平设定为 $P<0.05$，所有的数据均采用 SPSS 18.0.0 软件分析。

3.2 结果与分析

3.2.1 金针菇菇脚对七彩鲑幼鱼抗氧化能力的影响

鱼类肝胰脏中各类抗氧化酶活性和丙二醛含量直接影响到其抗氧化能力。金针菇菇脚对七彩鲑幼鱼抗氧化能力的影响见表3-3。与对照组相比，FVS组和FVSE组均可显著提高七彩鲑幼鱼肝胰脏总抗氧化能力（T-AOC）、超氧化物歧化酶（SOD）和过氧化氢酶（CAT）活性（$P<0.05$）；FVSE组七彩鲑幼鱼过氧化氢酶（CAT）活力显著高于FVS组（$P<0.05$）。FVS组和FVSE组与对照组相比可降低七彩鲑幼鱼肝胰脏中丙二醛（MDA）含量，但差异不显著（$P>0.05$）。FVS组和FVSE组相比，总抗氧化能力、超氧化物歧化酶活性及丙二醛含量均无显著差异（$P>0.05$）。

表3-3 金针菇菇脚对七彩鲑幼鱼抗氧化能力的影响

项目	对照组	FVS组	FVSE组
总抗氧化能力 T-AOC/(U/mg)	0.79 ± 0.07^a	0.95 ± 0.04^b	0.94 ± 0.03^b
超氧化物歧化酶 SOD/(U/mg)	33.49 ± 2.17^a	38.45 ± 0.99^b	40.58 ± 0.15^b
过氧化氢酶 CAT/(U/mg)	79.55 ± 0.28^a	84.24 ± 0.81^b	88.05 ± 1.63^c
丙二醛 MDA/(nmol/mL)	1.13 ± 0.14	1.04 ± 0.03	1.04 ± 0.05

注：数据是三组的平均值，同行数据（平均数±标准差）所标字母相同或未标字母表示差异不显著（$P>0.05$）；所标字母不同表示差异显著（$P<0.05$）。后表同。

3.2.2 金针菇菇脚对七彩鲑幼鱼生长性能的影响

鱼类的生长性能和存活率是体现其生长情况的重要指标。金针菇菇脚对七彩鲑幼鱼生长性能及存活率的影响见表3-4。FVS组和FVSE组七彩鲑幼鱼的终末体重（FBW）、增重（WG）、特定生长率（SGR）及成活率（SR）均显著高于对照组（$P<0.05$）；FVS组和FVSE组七彩鲑幼鱼的饲料转化率（FCR）均显著低于对照组（$P<0.05$）；FVSE组七彩鲑幼鱼的肝体指数（HIS）显著高于对照组（$P<0.05$），而FVS组与对照组无显著差异（$P>0.05$）；七彩鲑幼鱼的肥满度（CF）在各试验组中无显著差异（$P>0.05$）；FVS组和FVSE组相比，各项指标均无显著差异（$P>0.05$）。

表3-4 金针菇菇脚对七彩鲑幼鱼生长性能及存活率的影响

项目	对照组	FVS组	FVSE组
终末体重FBW/g	42.70 ± 1.01^a	45.45 ± 0.30^b	46.67 ± 0.53^b
增重WG/g	29.31 ± 0.97^a	32.14 ± 0.24^b	33.35 ± 0.58^b
特定生长率SGR	1.43 ± 0.03^a	1.52 ± 0.01^b	1.55 ± 0.02^b
饲料转化率FCR	1.53 ± 0.06^b	1.39 ± 0.03^a	1.34 ± 0.02^a
肝体指数HSI/%	1.99 ± 0.04^a	2.01 ± 0.07^{ab}	2.24 ± 0.08^b
肥满度CF	0.99 ± 0.05	1.02 ± 0.05	0.96 ± 0.06
成活率SR/%	85.56 ± 1.92^a	91.11 ± 1.92^b	95.56 ± 1.92^b

3.2.3 金针菇菇脚对七彩鲑幼鱼全鱼营养成分的影响

水分、粗蛋白、粗脂肪和粗灰分是鱼类营养成分检测的重要指标。金针菇菇脚对七彩鲑幼鱼全鱼营养成分的影响见表3-5。金针菇菇脚的添加对七彩鲑幼鱼全鱼的水分、粗蛋白、粗脂肪和粗灰分含量的影响均不显著（$P>0.05$）。金针菇菇脚的添加使全鱼的水分含量减少，粗脂肪含量增加。

表 3-5 金针菇菇脚对七彩鲑幼鱼全鱼组成成分的影响（鲜重%）

项目	对照组	FVS 组	FVSE 组
水分 moisture	72.98±5.45	72.12±3.12	72.01±11.01
粗蛋白 crude protein	3.91±0.45	3.88±0.71	3.95±0.66
粗脂肪 crude lipid	10.34±1.25	10.61±0.98	10.92±1.12
粗灰分 crude ash	11.65±1.22	11.45±1.13	11.91±1.92

3.3 讨论

3.3.1 金针菇菇脚对七彩鲑幼鱼抗氧化能力的影响

动物机体在正常情况下氧化体系处于动态平衡，如果这种平衡被破坏，机体便会产生较多活性氧自由基（ROS），使脂质过氧化的产物增多，引起组织损伤，引发多种疾病。细胞内含有的各种活性酶及抗氧化剂在抵御细胞氧化损伤、维持细胞氧化和抗氧化之间的平衡方面起重要作用。机体内主要的抗氧化酶包括：超氧化物歧化酶（SOD）、过氧化氢酶（CAT）、碱性磷酸酶（ALP）、谷胱甘肽还原酶（GR）和谷胱甘肽过氧化物酶（GSH-Px）等。动物机体内总抗氧化能力（T-AOC）的高低，反映出机体抗氧化酶系统和非酶系统对应激刺激反应及自由基代谢的能力。SOD 是生物机体中重要抗氧化酶之一，可清除超氧阴离子自由基，防止氧自由基对细胞的损伤，帮助受损细胞修复，机体 SOD 活性可反映机体的免疫能力。CAT 存在于组织内的过氧化体中，它的主要作用就是催化 H_2O_2 分解为 H_2O 与 O_2，使 H_2O_2 不能与 O_2 在铁螯合物作用下反应生成对机体有害的—OH。此外，机体内的维生素 C、维生素 E、谷胱甘肽等非酶类抗氧化物质也对机体细胞中氧化和抗氧化平衡的维持起到了重要作用。自由基引发脂质过氧化可产生丙二醛（MDA），通常可以通过检测丙二醛含量的多少来判断脂质过氧化抑制能力的大小，MDA 的水平可暗示出如果存在较高的过氧化水平，会导致细胞的降解。

多糖在生物体内可提高抗氧化酶活性，缓解氧化应激。有研究发现，金针菇菌糠多糖可提高小鼠肾脏中 SOD、CAT 和 GSH-Px 的活性，降低 MDA 的含量，对抗糖尿病、肾病具有一定的作用。金针菇多糖能够显著降低小鼠体内 MDA 含量，显著提高小鼠血清和各组织中 SOD、CAT、GSH-Px 活力和 T-AOC 水平。肉鸡饲料中添加海藻多糖可使 SOD、GSH-Px 活性提高，MDA 的含量降低，有效促进体内自由基的清除，减少代谢中脂质过氧化物的产生。腹腔注射真姬菇多糖能够使泥鳅肌肉中 SOD 酶活力提高，MDA 的含量降低，血液中 CAT 活力升高，增加泥鳅的抗氧化能力。猴头菇多糖能显著提高小鼠血清中 CAT、SOD 的含量，降低 MDA 含量，CAT、SOD 含量与多糖剂量呈正相关，MDA 含量与多糖剂量呈负相关，具有较强的抗氧化能力。在草鱼基础饲料中添加黄芪多糖和枸杞多糖可显著提高草鱼血清中 SOD 活性，增强草鱼免疫活性。在正常情况下，鱼的抗氧化防御依赖酶，如超氧化物歧化酶、过氧化氢酶和谷胱甘肽过氧化物酶，防止不可逆地产生 ROS。本研究利用金针菇菇脚饲喂七彩鲑幼鱼，通过试剂盒检测七彩鲑幼鱼肝胰脏中总抗氧化能力（T-AOC）、超氧化物歧化酶（SOD）活性、过氧化氢酶（CAT）活性和丙二醛（MDA）含量，分析金针菇菇脚对七彩鲑幼鱼抗氧化能力的影响，结果表明，金针菇菇脚的添加可提高七彩鲑幼鱼的抗氧化能力。与对照组相比，FVS 组和 FVSE 组均可显著提高七彩鲑幼鱼肝胰脏总抗氧化能力、超氧化物歧化酶和过氧化氢酶活性，降低丙二醛含量，和第 2 章的不同金针菇多糖体外抗氧化活性的结果一致，进一步证明了金针菇菇脚的抗氧化活性。通过查阅资料可知，Keapl-Nrf2-ARE 信号通路与机体的抗氧化作用有着密切的关系。李倩的研究发现，五味子多糖激活 Keapl-Nrf2-ARE 通路，可以调节其下游基因的表达，提高下游抗氧化酶、解毒酶类的表达，从而起到抗氧化的作用。金针菇菇脚多糖的抗氧化机制有待进一步深入探讨。

3.3.2 金针菇菇脚对七彩鲑幼鱼生长性能的影响

本试验研究发现，金针菇菇脚的添加可显著提高七彩鲑幼鱼的终末体重、增重和特定生长率，降低饲料转化率。在我国利用活性成分多糖作为饲料添加剂有着悠久的历史，其在动物养殖中起着抗炎、抗应激和免疫增强的作用。金针菇菇脚中含有重要的活性成分多糖，所以分析金针菇菇脚可促进七彩鲑幼鱼生长的原因可能有以下3点：一是金针菇菇脚多糖可使消化道中蛋白酶和淀粉酶的活性提高。有研究发现，饲喂黄芪和黄芪多糖可使刺参肠道中蛋白酶和淀粉酶的活力显著提高；云芝多糖可提高罗非鱼肠道消化酶的活性，提高营养物质的消化率；黄芪多糖可显著提高建鲤肠道中脂肪酶、淀粉酶和胰蛋白酶等消化酶活性，促进其生长。二是金针菇菇脚多糖能促进动物胃液分泌和对养分的消化，参与养分在机体内的代谢过程，促进肠道内双歧杆菌、乳酸杆菌等有益菌的增殖，增加消化酶的分泌数量。已有研究发现，金针菇菇脚可显著提高肉鸡盲肠菌群的多样性，显著提高肠道中短链脂肪酸含量，通过改善肠道菌繁殖环境，改善微生物菌群的结构，促进肉鸡健康生长。有研究报道，香菇多糖、棕榈多糖提取物可提高动物的生长性能的原因与增加肠道微生物活性有关，多糖提取物可增加鸡盲肠中双歧杆菌和乳酸杆菌数量，调节肠道微生物菌群构成。三是金针菇菇脚多糖可促进蛋白质的合成，使动物将食物中营养物质合成自身蛋白质的能力增强，从而提高动物生长速度。王煜恒等认为黄芪多糖可提高杂交鳢生长性能的原因是提高其将营养物质合成自身蛋白质的能力，促进生长。向枭等认为多糖提高齐口裂腹鱼生长性能的原因也与促进自身蛋白质合成有关。

研究还发现，金针菇菇脚的添加可显著提高七彩鲑幼鱼的成活率。夏伦斌等研究发现，相同饲养条件下，饲料中添加海藻多糖可提高鸡群的存活率，认为其与海藻多糖的调节营养物质代谢、抗氧化能力和免疫增强作用相关。何颖等研究发现，马尾藻多糖可显著增强南美白对虾免疫功能，提高攻毒虾存活率。金针菇菇脚提取液的添加可显著提高肝体指数，原因可能是金针菇菇脚提取液饲料中多糖含量高于金针菇菇脚粉饲料，而七彩鲑作为肉食性鱼类，对糖的利用能力低下，大量糖类物质在消化道被分解吸收，吸收后的单糖在肝脏中进行分解或合成代谢，造成肝脏的负担，使肝体指数增加。

本研究发现金针菇菇脚粉和金针菇菇脚提取液的添加可提高七彩鲑的生长性能，但具体机制还需进一步研究。

3.3.3 金针菇菇脚对七彩鲑幼鱼全鱼营养成分的影响

本研究结果显示，金针菇菇脚的添加对七彩鲑幼鱼全鱼的水分、粗蛋白、粗脂肪和粗灰分含量的影响均不显著，说明金针菇菇脚中的多糖成分没有影响蛋白质和脂肪的代谢，也没有造成鱼体内脂肪的积累。金针菇菇脚的添加在提高生长性能的前提下，没有对七彩鲑幼鱼营养成分造成任何不良影响，具有开发为绿色饲料的潜在可能性。

3.4 小结

综上所述，在本试验条件下，金针菇菇脚的添加可显著提高七彩鲑幼鱼的生长性能，对七彩鲑幼鱼营养成分未产生影响，显著提高了七彩鲑幼鱼的抗氧化能力。同样添加2%金针菇菇脚粉饲料和金针菇菇脚提取液饲料，七彩鲑幼鱼的生长性能、营养成分和抗氧化能力没有产生显著差异，因此，从节约成本的角度考虑，金针菇菇脚粉更适于作为七彩鲑绿色饲料添加剂。

第4章　金针菇菇脚对七彩鲑幼鱼血清生化指标及免疫功能的影响

血清生化指标（包括血脂、血糖、血蛋白及转氨酶水平）和机体代谢、营养和健康状况等有着密切联系，被广泛用来评价生物机体健康和营养状况。肝细胞的一个重要功能是合成与分泌血浆蛋白质，当肝功能受损时，会导致血液中的总蛋白和白蛋白含量降低。血清生化指标可作为鱼类肝脏健康状况的指标，血清中葡萄糖、甘油三酯、胆固醇和转氨酶升高可由肝变性引起。

非特异性免疫能力由溶菌酶活力、吞噬细胞活性和疾病抗性等多种反应组成，是鱼类抵抗病原入侵，维护机体健康的重要特性。近年来，许多学者就多糖对水产动物的非特异性免疫功能调节作用开展了大量的研究，发现多糖可提高水产动物非特异性免疫能力。

本章通过研究金针菇菇脚对七彩鲑幼鱼血清生化指标、非特异性免疫指标及热休克蛋白（HSP70 和 HSP90）表达情况的影响，为具有免疫增强作用的冷水鱼类饲料添加剂的开发提供理论依据。

4.1　材料和方法

4.1.1　材料和试剂

谷丙转氨酶（ALT）测定试剂盒、谷草转氨酶（AST）测定试剂盒、碱性磷酸酶（AKP）试剂盒、总蛋白（TP）测定试剂盒、白蛋白（ALB）测定试剂盒、球蛋白（GLO）测定试剂盒、葡萄糖（GLU）测定试剂盒、总胆固醇（CHO）测定试剂盒、甘油三酯（TG）测定试剂盒、高密度脂蛋白

（HDL-C）测定试剂盒、低密度脂蛋白（LDL-C）测定试剂盒、碱性磷酸酶（AKP）试剂盒、酸性磷酸酶（ACP）试剂盒、溶菌酶（LSZ）试剂盒等，以上试剂盒均购置于南京建成生物工程研究所；双蒸水购自上海生工生物工程有限公司；Trizol 试剂购自 TaKaRa 公司；RNA 反转录试剂盒（No. FSQ-101）购自北京全式金生物技术有限公司；SYBR Green 染料法实时荧光定量试剂盒购自北京全式金生物技术有限公司。

4.1.2 试验仪器

试验仪器如表 4-1 所示。

表 4-1 试验仪器

仪器名称	型号	生产厂家
电泳仪	JY300C	Bio-Rad
凝胶成像仪	GelDoc 2000	Bio-Rad
荧光定量 PCR 仪	LC480-Ⅱ型	Roche®
酶标分析仪	DNM-9606	北京普朗新技术有限公司
精密电子天平	JA2003	上海恒平科学仪器有限公司
冷冻台式离心机	Eppendorf AG	eppendorf
自动化学分析仪	日立 7180	日本日立
超微量紫外分光光度计	SuperMicro	XTG-TECH

4.1.3 试验饲料

同 3.1.3。

4.1.4 饲养试验分组及管理

同 3.1.4。

4.1.5 样本收集

试验结束前，禁食 24 h，每箱随机挑选 6 尾静脉取血后，冰盘中解剖，内脏取出后用 4℃ 生理盐水冲洗，滤纸吸干生理盐水，分离出肝胰脏，肝胰脏样品置于 -80℃ 保存备用；取出的静脉血 4℃ 离心 10 min（3000 r/min），血清样品备用。

4.1.6 血清生化指标测定

采用试剂盒（南京建成生物工程研究所）测定血液中谷丙转氨酶（ALT）、谷草转氨酶（AST）活性和总蛋白（TP）、白蛋白（ALB）、球蛋白（GLO）、葡萄糖（GLU）、总胆固醇（CHO）、甘油三酯（TG）、高密度脂蛋白（HDL-C）和低密度脂蛋白（LDL-C）含量。

4.1.7 肝胰脏非特异性免疫指标的测定

肝胰脏酶液中溶菌酶（LZM）、碱性磷酸酶（AKP）和酸性磷酸酶（ACP）活性测定采用相应酶活测定试剂盒（南京建成生物工程研究所），按照说明书方法测定。溶菌酶活性测定采用比浊法，碱性磷酸酶和酸性磷酸酶活性测定采用微量酶标法，每克组织蛋白在 37℃ 与基质作用 30 min 产生 1 mg 酚为 1 个金氏单位。

4.1.8 肝胰脏 HSP70、HSP90 基因 mRNA 表达水平测定

4.1.8.1 总 RNA 的提取

(1) 实验准备。每个样品准备 3 个 1.5 mL 离心管，标注好 1、2、3，向 1 号离心管中注入 600 μL RNA iso Plus（TAKARA）；将匀浆器、镊子、剪

刀用医用消毒酒精擦洗，再用灭菌水擦洗备用。除特殊说明室温静置步骤外，其他操作全部在冰上进行。

(2) 实验步骤。

①用镊子取出肝胰脏样品，放入 1 号离心管中，用剪刀剪碎，使用匀浆机研磨 30 s，为了防止组织过热，每 10 s 停转一次，再加入 400 μL RNA iso Plus (TAKARA)，振荡，室温静置 5 min，12000 r/min 4℃ 离心 5 min。

②吸取上清液 800 μL 移入 2 号离心管，加入 200 μL 氯仿，振荡，使溶液呈乳白色状，室温静置 5 min，12000 r/min 4℃ 离心 15 min，去除蛋白质。

③取 400 μL 上层清液加入 3 号离心管，加入等体积的异丙醇，充分混匀，15~30℃ 静置 10 min，12000 r/min 4℃ 离心 10 min，去除 DNA。

④将离心管从低温离心机中取出，见离心管底部出现少量或微量沉淀，弃上清，缓慢沿离心管壁加入 75% 乙醇 1 mL，轻轻振荡，12000 r/min 4℃ 离心 5 min，弃上清，重复上述操作一次。

⑤室温干燥沉淀 10 min，使剩余的乙醇全部挥发，加入 30 μL RNase-free 水使沉淀完全溶解。

4.1.8.2　RNA 完整性检测

取 4 μL RNA 与 2 μL 6×loading buffer 混匀后，用 1% 的琼脂糖凝胶在 120 V 电压下电泳 15 min，电泳结束后，将凝胶块置于凝胶成像系统观察判断 RNA 的完整性。

4.1.8.3　RNA 浓度的测定

取 2 μL RNA 溶液加入超微量紫外分光光度计中，测定 RNA 溶液浓度。

4.1.8.4　总 RNA 的反转录

反转录体系见表 4-2。

表 4-2　反转录体系

组分	用量
Total RNA	1 μg
5× TransScript® Ⅱ All-in-one SuperMix for qPCR	2 μL

续表

组分	用量
gDNA Remover	0.5 μL
RNase-free Water	6.5 μL
Total volume	10 μL

4.1.8.5 引物设计

利用 Primr Premier 5.0 软件，根据人、猪及鱼等相关基因保守区域，设计出以上基因的简并引物，其中 β-actin 基因作为内参照，引物由上海生工生物技术公司合成。引物序列及 PCR 扩增片段长度见表 4-3。

表 4-3　引物序列及 PCR 扩增片段长度

目的基因	引物序列	目的片段扩增长度
HSP70	上游引物：5′-CCTGTGGGAGGCTGTAGAAT -3′ 下游引物：5′-CATCACCCTGCGTTGGAAG-3′	149
HSP90	上游引物：5′-GTCTTCCAGGCAGAGGTCA-3′ 下游引物：5′-TCAGGTCGTCTTTGGTCAT-3′	250

4.1.8.6 实时定量荧光 PCR 检测

将组织样品 cDNA 模板进行荧光定量 PCR 检测。将监测的临界点定在 PCR 产物进入指数增长期的起始点，即阈值循环数（threshold cycle, Ct）处。实时荧光定量 PCR 反应体系见表 4-4。反应条件是：94℃ 5 s；50~60℃ 5 s；72℃ 10 s 共 45 个循环。

表 4-4　实时荧光定量 PCR 反应体系

组分	用量/μL
Template	0.4
Forward Primer（10 μmol/L）	0.4
Reverse Primer（10 μmol/L）	0.4

续表

组分	用量/μL
2×TransStart Top/Tip Green qPCR SuperMix	10
Nuclease-free Water	8.8
Total volume	20

所有样品检测均设 3 个平行样和 3 个阴性对照来排除假阳性结果。不同处理组间基因相对表达量的差异用 $2^{-\triangle\triangle CT}$ 值来衡量。$\triangle\triangle CT = \triangle CT_{样品} - \triangle CT_{对照}$，$\triangle CT_{样品} = CT_{样品} - CT_{\beta\text{-actin}}$，$\triangle CT_{对照} = CT_{对照} - CT_{\beta\text{-actin}}$。

4.1.8.7 数据统计分析

数据采用"平均值±标准差"表示，所有的数据均采用 Microsoft Excel 2016 进行整理录入，采用 SPSS 23 进行 ONE WAY ANOVA 分析，使用 Tukey 法进行多重比较，以 $P<0.05$ 作为统计学差异显著标准。用 regression-curve 程序对剂量效应进行线性和二次回归分析，correlate-bivariate 程序分析指标间相关性。

4.2 结果与分析

4.2.1 金针菇菇脚对七彩鲑幼鱼血清生化指标的影响

鱼类的血清指标常被用来评价其健康和营养状况。金针菇菇脚对七彩鲑幼鱼血清生化指标的影响见表 4-5。FVS 组七彩鲑幼鱼血清中总蛋白含量（TP）和谷草转氨酶（AST）活性显著高于对照组（$P<0.05$），谷丙转氨酶（ALT）活性显著低于对照组（$P<0.05$）。与对照组相比，FVSE 组七彩鲑幼鱼血清中总蛋白（TP）、白蛋白（ALB）、球蛋白（GLO）、葡萄糖（GLU）、总胆固醇（CHOL）含量和谷草转氨酶（AST）活性显著提高（$P<0.05$），谷丙转氨酶（ALT）的活性显著降低（$P<0.05$）。FVSE 组七彩鲑幼鱼血清中总

蛋白（TP）含量显著高于 FVS 组（$P<0.05$）。FVS 组和 FVSE 组与对照组相比，血清中甘油三酯（TG）、高密度脂蛋白（HDL）和低密度脂蛋白（LDL）含量无显著差异（$P>0.05$）。

表 4-5 金针菇菇脚对七彩鲑幼鱼血清生化指标的影响

项目	对照组	FVS 组	FVSE 组
总蛋白 TP/（g/L）	30.23 ± 0.06^a	32.23 ± 0.21^b	38.43 ± 0.60^c
白蛋白 ALB/（g/L）	9.43 ± 0.35^a	10.40 ± 0.10^a	11.70 ± 0.66^b
球蛋白 GLO/（g/L）	21.80 ± 1.78^a	21.83 ± 0.15^a	26.40 ± 0.85^b
葡萄糖 GLU/（mmol/L）	5.73 ± 0.16^a	5.88 ± 0.63^a	7.78 ± 0.26^b
总胆固醇 CHOL/（mmol/L）	4.69 ± 0.45^a	4.79 ± 0.21^a	5.54 ± 0.27^b
甘油三酯 TG/（mmol/L）	4.43 ± 0.09	4.13 ± 0.09	4.42 ± 0.25
高密度脂蛋白 HDL/（mmol/L）	3.10 ± 0.75	3.28 ± 0.33	3.58 ± 0.21
低密度脂蛋白 LDL/（mmol/L）	0.04 ± 0.01	0.03 ± 0.01	0.05 ± 0.01
谷草转氨酶 AST/（U/L）	224.50 ± 8.50^a	249.50 ± 12.50^b	253.33 ± 8.62^b
谷丙转氨酶 ALT/（U/L）	7.00 ± 1.00^b	4.00 ± 1.00^a	4.67 ± 0.58^a

4.2.2 金针菇菇脚对七彩鲑幼鱼非特异性免疫指标的影响

溶菌酶、碱性磷酸酶和酸性磷酸酶是鱼类非特异性免疫的重要指标。金针菇菇脚对七彩鲑幼鱼非特异性免疫指标的影响见表 4-6。与对照组相比，FVS 组七彩鲑幼鱼肝胰脏中碱性磷酸酶（AKP）和酸性磷酸酶（ACP）活性显著升高（$P<0.05$）；FVSE 组溶菌酶（LYZ）、碱性磷酸酶（AKP）和酸性磷酸酶（ACP）活性显著升高（$P<0.05$）。FVSE 组七彩鲑幼鱼肝胰脏中酸性磷酸酶（ACP）活性显著高于 FVS 组（$P<0.05$）。

表 4-6 金针菇菇脚对七彩鲑幼鱼非特异性免疫指标的影响

项目	对照组	FVS 组	FVSE 组
溶菌酶 LSZ/(U/mL)	226.67±5.78[a]	235.15±4.45[a]	258.82±1.98[b]
碱性磷酸酶 AKP/(U/mL)	9.60±0.17[a]	16.74±0.98[b]	17.20±0.08[b]
酸性磷酸酶 ACP/(U/mL)	59.15±0.66[a]	69.32±1.75[b]	75.92±3.16[c]

4.2.3 金针菇菇脚对七彩鲑幼鱼 HSP70、HSP90 基因 mRNA 表达水平的影响

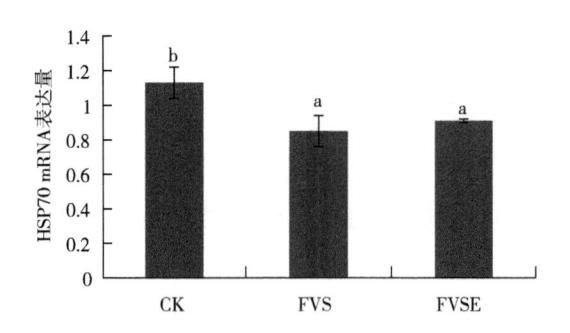

4.2.3.1 金针菇菇脚对七彩鲑幼鱼 HSP70 基因 mRNA 表达的影响

热休克蛋白 HSP70 是鱼类体内的重要热应激蛋白，其含量的多少直接影响机体的免疫状态。金针菇菇脚对七彩鲑幼鱼 HSP70 基因 mRNA 表达的影响见图 4-1。与对照组相比，FVS 组和 FVSE 组均使七彩鲑幼鱼肝胰脏中 HSP70 基因 mRNA 表达量显著降低（$P<0.05$）。FVSE 组和 FVS 组相比无显著差异（$P>0.05$）。

图 4-1 金针菇菇脚对七彩鲑幼鱼 HSP70 基因 mRNA 表达的影响

4.2.3.2 金针菇菇脚对七彩鲑幼鱼 HSP90 基因 mRNA 表达量的影响

热休克蛋白 HSP90 也是鱼类体内的重要热应激蛋白，金针菇菇脚对七彩鲑幼鱼 HSP90 基因 mRNA 表达的影响见图 4-2。与对照组相比，FVS 组和

FVSE 组均使七彩鲑幼鱼肝胰脏中 HSP90 基因 mRNA 表达量显著降低（$P<0.05$）。FVSE 组和 FVS 组相比无显著差异（$P>0.05$）。

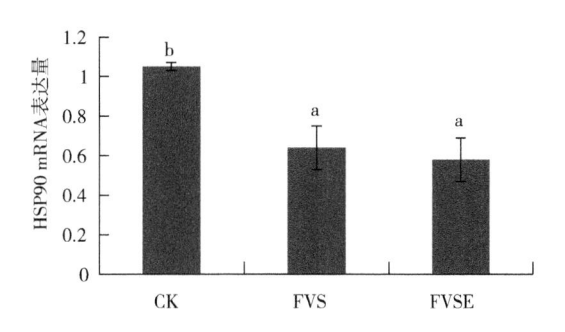

图 4-2　金针菇菇脚对七彩鲑幼鱼 HSP90 基因 mRNA 表达的影响

4.3　讨论

4.3.1　金针菇菇脚对七彩鲑幼鱼血清生化指标的影响

鱼类的血脂、血糖、血蛋白及转氨酶水平和机体代谢、营养和健康状况等有着密切联系，被广泛用来评价鱼类健康和营养状况。肝细胞的一个重要功能是合成与分泌血浆蛋白质，白蛋白是肝实质细胞合成后分泌到血液中的。肝功能被破坏时，会影响白蛋白的合成与分泌，使血液中的 TP 和 ALB 含量降低。血清生化指标可作为鱼类肝脏健康状况的指标，血清中 GLU 和 CHOL 升高可由肝变性引起。在人体内，谷丙转氨酶（GPT）和谷草转氨酶（GOT）的增加与细胞损伤程度和严重程度有很好的相关性，GOT 和 GPT 水平可以提供进一步的关于器官损伤和肝脏疾病严重程度的信息。本研究发现，FVS 的添加对七彩鲑幼鱼血清指标的影响不大，可以显著提高血清中 TG 含量和 AST 活性，降低血清中 ALT 活性；而 FVSE 组七彩鲑幼鱼血清中 TP、ALB、GLO、GLU、CHOL 和 AST 均高于对照组，与生长指标中的肝体指数（HSI）结果一致。有研究发现，海带粗多糖能显著提高斜带石斑鱼血清中 TP 含量，而对

AST 和 ALT 酶活性影响不大，认为海带粗多糖具有提高鱼机体总蛋白的功能，并且在实验研究的范围内，海带粗多糖不会对鱼肝胰脏功能造成损伤。饲料中添加不同水平的黄芪、枸杞、香菇和灵芝多糖均可提高黄颡鱼血清内 TP 和 ALB 含量，降低 CHOL 和 TG 含量。黄芪多糖能显著提高鲤鱼血清中 TP 和 ALB 含量，缓解 CCl_4 导致的鲤鱼的肝损伤。以上有关多糖在鱼类饲料中应用效果的研究与本研究结果基本一致。

本试验发现，FVS 的添加可显著降低血清中 ALT 的活力，提高 AST 活性。正常情况下，生物机体内 ALT 和 AST 活性的变化是一致的，并且多糖对于机体肝损伤具有一定的保护作用，而 FVS 的添加导致了 AST 活性的显著升高，但并没有对生长指标中的肝体指数（HSI）产生显著影响，这意味着 FVS 对于七彩鲑幼鱼是一种比较安全的饲料添加剂。导致 AST 活性升高的原因可能是鱼类对糖类物质的不耐受性导致其要迅速地通过三羧酸循环代谢血液中葡萄糖，三羧酸循环的过程中需要大量的草酰乙酸，而 AST 催化的可逆反应中可以生成草酰乙酸，为糖代谢所用，其具体的机制还有待进一步研究。

研究结果发现，FVSE 的添加可极显著提高七彩鲑幼鱼 TP 含量，显著提高 GLU、CHOL、AST 含量，并且可使生长指标中的肝体指数（HSI）显著提高。GLU 正常含量范围为 2.178～12.172 mmol/L，FVSE 组与 CK 组相比，GLU 含量虽然显著提高，但在正常范围内，说明 FVSE 的添加对七彩鲑幼鱼血糖代谢没有带来不良影响。而 TP、CHOL 含量和 AST 活性的提高可由肝损伤引起，这可能意味着 FVSE 的添加对七彩鲑幼鱼产生了不良影响，因为鱼类本身对糖类物质具有不耐受性，而 FVSE 组饲料的多糖含量较多，可能超过了七彩鲑幼鱼可耐受的多糖含量的阈值；也可能是因为 FVS 组添加的是金针菇菇脚粉末，其中除含有多糖外，还含有粗纤维、粗脂肪、粗蛋白和微量元素，这些非糖类物质与多糖共同作用，更有利于七彩鲑幼鱼免疫机能的提高。

4.3.2　金针菇菇脚对七彩鲑幼鱼非特异性免疫指标的影响

溶菌酶（LYZ）是一种水解酶，对各种微生物病原体具有很重要的防御作用，是生物机体中重要的非特异性免疫因子之一。溶菌酶作为水生生物体内重要的非特异免疫因子，在机体免疫过程中不仅可以催化水解细菌细胞壁从而导致细菌死亡，还可诱导和调节其他免疫相关因子的合成与分泌。水生动物肝胰脏溶菌酶活力的高低是衡量其机体免疫状态的指标之一，溶菌酶活力提高意味着免疫能力也随之提高。

碱性磷酸酶（AKP）是机体内重要的代谢调控酶，在生物体中可以直接参与磷酸基团转移和代谢的过程，与生物膜物质运输有关，AKP可将底物去磷酸化，在机体的免疫反应中发挥着重要作用。AKP能够通过改变病原体的表面结构，增强机体对病原体的识别能力和吞噬能力，从而提高鱼体的抗病能力。

酸性磷酸酶（ACP）是高等动物体内巨噬细胞溶酶体的标志酶，在体内直接参与磷酸基团的转移和代谢，ACP是吞噬溶酶体的重要组成部分，在细胞进行吞噬反应过程中，会伴随有ACP的释放。在酸性环境中，ACP可以将表面带有磷酸酯的异物水解掉。

本研究结果表明，金针菇菇脚（FVS和FVSE）的添加，可显著提高七彩鲑幼鱼肝胰脏中溶菌酶（LYZ）、碱性磷酸酶（AKP）和酸性磷酸酶（ACP）的活性，增强七彩鲑幼鱼的非特异性免疫能力。Liu等报道了日粮中添加黄芪多糖可使半滑舌鳎腮黏液中LYZ、AKP和ACP的活性显著升高。姚嘉赟等发现黄芪多糖可显著提高黄颡鱼血清中溶菌酶活力，对黄颡鱼的非特异性免疫功能具有一定的促进作用。宋文华等发现枸杞多糖饲喂草鱼后，可提高草鱼血清LYZ和AKP活性，增强草鱼抗病能力，认为枸杞多糖可能通过激活单核细胞的分泌，活化巨噬细胞，从而提高免疫酶活性、改变血液细胞因子的含量。饲喂黄芪多糖可使草鱼、刺参中LYZ含量升高，提高免疫功能和抗感染能力。以上多糖可作为非特异性免疫调节剂的研究结论与本研究结果一致。不同生物多糖的结构各异、活性成分不同，至今其作用机理还研究得不够深入和清晰，但是都具有免疫调节和促进生长的共同作用，都可作为动物饲料的添加剂。金针菇菇脚的多糖成分可提高七彩鲑幼鱼的非特异性免疫能力，具有开发成为鱼类饲料添加剂的潜在可能。

4.3.3 金针菇菇脚对七彩鲑幼鱼 HSP70、HSP90 基因 mRNA 表达水平的影响

热休克蛋白（HSPs）是从细菌到哺乳动物中广泛存在的一类热应激蛋白质，当有机体暴露于高温的时候，就会由热激发合成此种蛋白，来保护有机体自身。许多热休克蛋白具有分子伴侣活性，按照蛋白的大小，热休克蛋白共分为 5 类，分别为 HSP110、HSP90、HSP70、HSP60 以及小分子热休克蛋白（sHSPs）。热休克蛋白是生物体内最古老的分子之一，是一种保护性蛋白，受到高温等恶劣环境袭击时，就会被大量合成（正常情况下也有少许存在），从而帮助每个细胞维持正常的生理活动，阻止影响细胞健康的蛋白质相互作用，促进有利于健康的相互作用，使不同蛋白质间形成稳定而有效的联系机制，减轻极端条件对机体的损害。热休克蛋白不仅会保护对于基本生理过程中不可或缺的蛋白，还会分解受损蛋白，回收合成蛋白的原材料，让细胞内的生化过程得以平稳运行。因此，当细胞受到很大环境压力时，它的第一反应就是合成更多的热休克蛋白。

在正常生理条件下，热休克蛋白 HSP70 和 HSP90 基因表达量小，作为分子伴侣参与蛋白质代谢、细胞凋亡和细胞周期调控过程。只有当生物体遇到高温等不良刺激时，其表达量才会显著增加，从而增加机体对不良环境的耐受性。Yang 等研究无花果多糖对草鱼的免疫应答的影响发现，无花果多糖饲喂组的草鱼 HSP70 基因 mRNA 表达水平显著低于对照组，说明无花果多糖上调了免疫功能，增强了草鱼的抗病性。Ahmadi 等研究发现免疫原性饲料饲养虹鳟可使其头肾 HSP70 基因 mRNA 表达水平显著低于对照组，增强了虹鳟的抗病性。Avella 等报道了益生菌鼠李糖浆 IMC 501 引起小丑鱼幼鱼 HSP70 基因表达下调。夏晓杰在研究多糖对齐口裂腹鱼 HSP70 基因表达的影响时发现，与对照组相比，氧化魔芋葡甘露聚糖和 RS4 型抗性淀粉两种多糖的添加，可使齐口裂腹鱼脾脏、头肾、中肾 HSP70 基因 mRNA 表达水平均显著下降。

热休克蛋白基因的表达与生物对温度、环境压力耐受性直接相关。草鱼热休克蛋白基因的表达与环境温度密切相关，2~6℃的升温可使热休克蛋白

HSP70 和 HSP90 基因表达显著上调，高水平的基因表达的温度上限为 34℃。生活在潮间带的虾虎鱼为了适应高温环境，其 HSPs 基因在冬季上调表达的温度为 28℃，而在夏季则为 32℃，表明 HSPs 基因表达不仅受到遗传的控制，同时也受环境温度影响。长期生活在 −2℃ 左右水温条件下的南极鱼，对温度的耐受上限为 5℃ 左右，作为对长期恒定低温的适应，其缺乏热休克蛋白的表达。

本研究结果发现，与对照组相比，金针菇菇脚的添加可使七彩鲑幼鱼肝胰脏中 HSP70 和 HSP90 基因 mRNA 表达水平显著下调。其原因可能是：①金针菇菇脚的加入可使七彩鲑幼鱼在饲养过程中对水质采样、鱼类统计和其他不利条件因素导致的压力的耐受性提高。②七彩鲑作为长白山区常见的冷水鱼品种，对环境温度的变化较敏感，而温度的升高可直接影响热休克蛋白的表达，金针菇菇脚的加入使七彩鲑对温度环境的耐受能力提高，从而使热休克蛋白的表达下调。其具体原因和机理还有待进一步研究。

4.4 小结

在本试验条件下，金针菇菇脚的添加可显著提高七彩鲑幼鱼的非特异性免疫能力，使热休克蛋白 HSP70 和 HSP90 基因 mRNA 表达下调，提高了其对不良环境的耐受能力。但对于血清生化指标的测定结果显示，FVSE 的添加使七彩鲑幼鱼血清中 TP、GLU、CHOL、AST 含量显著增加，可能对其产生不良影响，而 FVS 的添加对七彩鲑幼鱼血清生化指标未产生显著影响。因此，在应用金针菇菇脚开发鱼类饲料添加剂时，建议直接利用金针菇菇脚粉，最优添加量还有待进一步研究确定。

第 5 章　金针菇菇脚对七彩鲑幼鱼肠道菌群的影响

　　脊椎动物的胃肠道中定植了庞大复杂的微生物群，说明肠道微生物已成为消化系统的一个组成部分。肠道菌群通过刺激肠上皮的发育和免疫系统，阻止病原微生物在肠道内定植，强烈影响鱼类的健康。在胃肠道中，共生菌能通过降解消化某些物质（特别是植物多糖）合成必需氨基酸、维生素和短链脂肪酸，并提高饲料转化率。肠道内容物和粪便中含有的小分子是微生物和宿主细胞之间的共代谢或代谢交换的结果。已有研究发现在肉鸡日粮中添加金针菇菇脚可显著提高肉鸡盲肠菌群多样性，金针菇菇脚可被有效利用，产生降解多糖、纤维素和产酸的细菌，显著提高了短链脂肪酸的含量，改善肠道菌的繁殖环境，改善动物肠道微生物菌群的结构，促进肉鸡健康生长。因此，通过高通量测序方法研究金针菇菇脚对七彩鲑幼鱼肠道菌群的影响，可为金针菇菇脚作为冷水鱼饲料添加剂的功能研究提供依据。

5.1　材料和方法

5.1.1　材料和试剂

　　E.Z.N.A.® soil 试剂盒（Omega Bio-tek，Norcross，GA，U.S.）、琼脂糖凝胶（biowest agArose）、FastPfu 聚合酶、三羟甲基氨基甲烷、盐酸、氯化钠、AxyPrepDNA 凝胶回收试剂盒（AXYGEN 公司）。

5.1.2 试验仪器

试验仪器如表 5-1 所示。

表 5-1 试验仪器

仪器名称	型号	生产厂家
高压蒸汽灭菌器	MLS-3751L-PC	松下健康医疗器械株式会社
超净工作台	BHC-1300IIA/B2	苏州净化设备有限公司
电热鼓风干燥箱	GZX-9140MBE	上海博讯实业有限公司医疗设备厂
粉碎机	BF-10	石家庄本辰机电设备有限公司
移液器	Eppendorf N13462C	Eppendorf
小型离心机	ABSON MiFly-6	合肥艾本森科学仪器有限公司
小型离心机	Eppendorf 5430 R	Eppendorf
高速台式冷冻离心机	Eppendorf 5424R	Eppendorf
超微量分光光度计	NanoDrop2000	Thermo Fisher Scientific
电泳仪	DYY-6C	北京市六一仪器厂
PCR 仪	ABI GeneAmp® 9700 型	ABI
MISEQ 测序仪	IlluminaMiseq	Illumina
HISEQ 测序仪	Illuminahiseq	Illumina
酶标仪	BioTek ELx800	BioTek
微型荧光计	TBS380	TurnerBioSystems
Covaris M220	M220	Gene Company Limited
旋涡混合器	QL-901	海门其林贝尔仪器制造有限公司
粉碎研磨仪	TL-48R	上海万柏生物科技有限公司

5.1.3 饲料

同 3.1.3。

5.1.4 饲养试验分组及管理

同 3.1.4。

5.1.5 样本收集

试验结束前，禁食 24 h，CK 组、FVS 组和 FVSE 组分别随机捞取 4 尾鱼，75%乙醇擦拭鱼体表，沿泄殖孔向上剪开腹腔，75%乙醇和无菌水分别冲洗消化道外壁后，分离消化道内容物置于冻存管中，液氮速冻后于-80℃保存备用。

5.1.6 抽提和 PCR 扩增

根据 E. Z. N. A.® soil 试剂盒说明书进行总 DNA 抽提，DNA 浓度和纯度利用 NanoDrop 2000 进行检测，利用 1%琼脂糖凝胶电泳检测 DNA 提取质量；用 338F（5′-ACTCCTACGGGAGGCAGCAG-3′）和 806R（5′-GGACTACHVGGGTWTCTAAT-3′）引物对 V3-V4 可变区进行 PCR 扩增，扩增程序为：95℃预变性 3 min，27 个循环（95℃ 变性 30 s，55℃退火 30 s，72℃延伸 30 s），最后 72℃延伸 10 min。扩增体系为 20 μL，4 μL 5×FastPfu 缓冲液，2 μL 2.5 mmol/L dNTPs，0.8 μL 引物（5 μmol/L），0.4 μL FastPfu 聚合酶，10 ng DNA 模板。

5.1.7 Illumina Miseq 测序

使用 2%琼脂糖凝胶回收 PCR 产物，利用 AxyPrep DNA Gel Extraction Kit（Axygen Biosciences, Union City, CA, USA）进行纯化，Tris-HCl 洗脱，2%琼脂糖电泳检测。利用 QuantiFluor™-ST（Promega, USA）进行定量检测。根据 Illumina MiSeq 平台（Illumina, San Diego, USA）标准操作规程将纯化后的扩

增片段构建 PE 2×300 的文库。

构建文库步骤：

（1）连接"Y"字形接头。

（2）使用磁珠筛选去除接头自连片段。

（3）利用 PCR 扩增进行文库模板的富集。

（4）氢氧化钠变性，产生单链 DNA 片段。

利用 Illumina 公司的 Miseq PE300 平台进行测序（上海美吉生物医药科技有限公司）。

（1）DNA 片段的一端与引物碱基互补，固定在芯片上。

（2）以 DNA 片段为模板，芯片上固定的碱基序列为引物进行 PCR 合成，在芯片上合成目标待测 DNA 片段。

（3）变性、退火后，芯片上 DNA 片段的另一端随机与附近的另外一个引物互补，也被固定住，形成"桥（bridge）"。

（4）PCR 扩增，产生 DNA 簇。

（5）DNA 扩增子线性化成为单链。

（6）加入改造过的 DNA 聚合酶和带有 4 种荧光标记的 dNTP，每次循环只合成一个碱基。

（7）用激光扫描反应板表面，读取每条模板序列第一轮反应所聚合上去的核苷酸种类。

（8）将"荧光基团"和"终止基团"化学切割，恢复 3′端黏性，继续聚合第二个核苷酸。

（9）统计每轮收集到的荧光信号结果，获知模板 DNA 片段的序列。

5.1.8　数据处理

原始测序序列使用 Trimmomatic 软件质控，使用 FLASH 软件进行拼接：

（1）设置 50 bp 的窗口，如果窗口内的平均质量值低于 20，从窗口开始截去后端碱基，去除质控后长度低于 50 bp 的序列。

（2）barcode 需精确匹配，引物允许 2 个碱基的错配，去除模糊碱基。

（3）根据重叠碱基 overlap 将两端序列进行拼接，overlap 需大于 10 bp，去除无法拼接的序列。

使用 UPARSE 软件（version 7.1），根据 97%的相似度对序列进行 OTU 聚类；使用 UCHIME 软件剔除嵌合体。利用 RDP classifier 对每条序列进行物种分类注释，比对 Silva 数据库（SSU128），设置比对阈值为 70%。

5.1.9 生物信息学分析

基于 OTU 的分析结果对数据进行信息学分析[软件平台：Usearch（vsesion 7.0）]。利用 R 语言构建 Rank-abundance 曲线图，用 Qiime 构建稀释曲线（rarefaction curve）图。采用 ACE 和 Chao 进行菌群丰度的计算，利用 Shannon 和 Simpson 进行菌群多样性的计算，利用 Good's coverage 进行测序深度计算,分析软件为 Qiime。利用 R、Qiime 等对测序数据进行深入分析。

5.2 结果与分析

5.2.1 测序数据统计

测序的数据经过拼接和优化后，共得到 422174 条序列，包含 185976755 bp 的碱基对，平均长度为 440.52 bp，进行有效序列的长度统计后，得出大部分序列长度在 420~460 bp，如图 5-1 所示。

5.2.2 生物信息学分析

5.2.2.1 有效序列注释、取样深度和多样性分析

所有样本抽平后，通过计算相同的样品检测到的随机选择的扩增序列的概率得到覆盖率，采样的完整性用"Good's"物种覆盖率估计（表 5-2）。覆

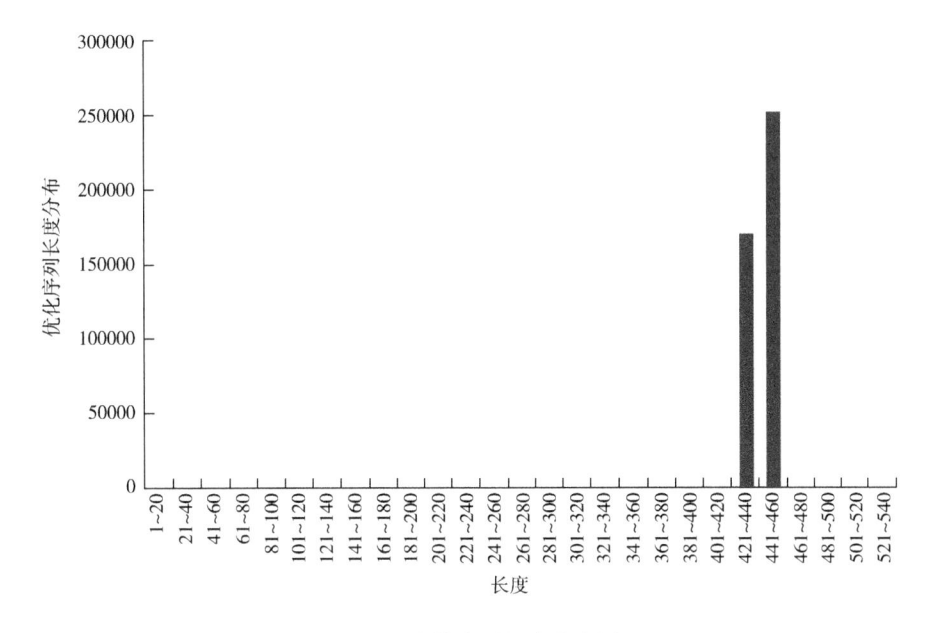

图 5-1 有效序列长度分布图

盖范围为 99.40%~99.80%[(99.60±0.13)%]，表明在检测一种新的 OTU 之前，167 和 500[1/1- Coverage (%)] 之间的额外阅读需要被测序。这一覆盖水平，显示在本研究中测序深度是足够的，样品出现的主要细菌 OTU 是可信的。

表 5-2 样本序列、丰度及覆盖率分析

样品	序列数	丰度	覆盖率/%
CK1	28879	489	99.44
CK2	28879	323	99.70
CK3	28879	324	99.66
CK4	28879	458	99.50
FVS1	28879	747	99.55
FVS2	28879	711	99.80
FVS3	28879	772	99.69

续表

样品	序列数	丰度	覆盖率/%
FVS4	28879	713	99.67
FVSE1	28879	477	99.40
FVSE2	28879	457	99.48
FVSE3	28879	741	99.62
FVSE4	28879	786	99.74

以读取的样本的序列数为横坐标，OTU 水平的 sobs 指数为纵坐标绘制稀释曲线，见图 5-2，随着取样量的增加，所有样本的曲线均趋向平坦，说明测序数据量合理，更多的数据量只会产生少量新的物种（如 OTU）。

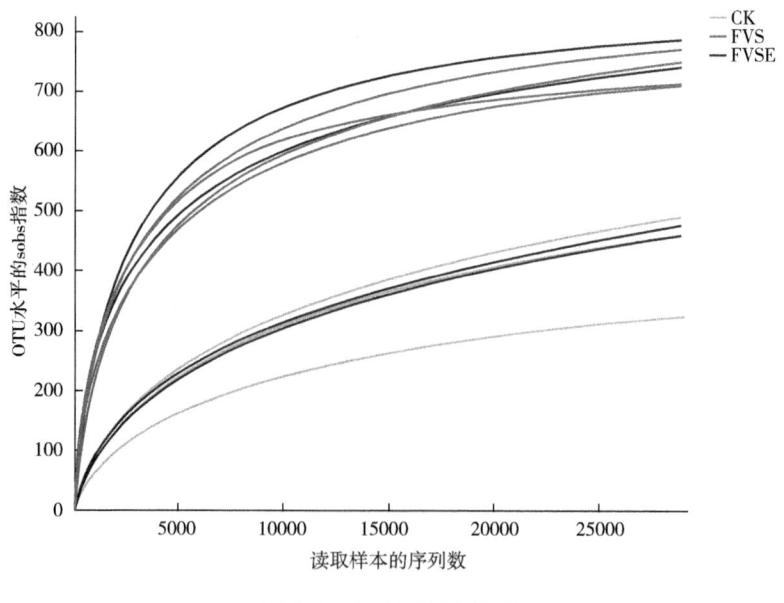

图 5-2 样本稀释曲线图

通过 α-多样性指数统计，以样本为横坐标，OTU 水平的 sobs 指数为纵坐标，绘制 α-多样性指数图，见图 5-3。由图可以看出，FVS 组显示了较高的 α-多样性指数，FVSE 组次之，CK 组 α-多样性指数最小。

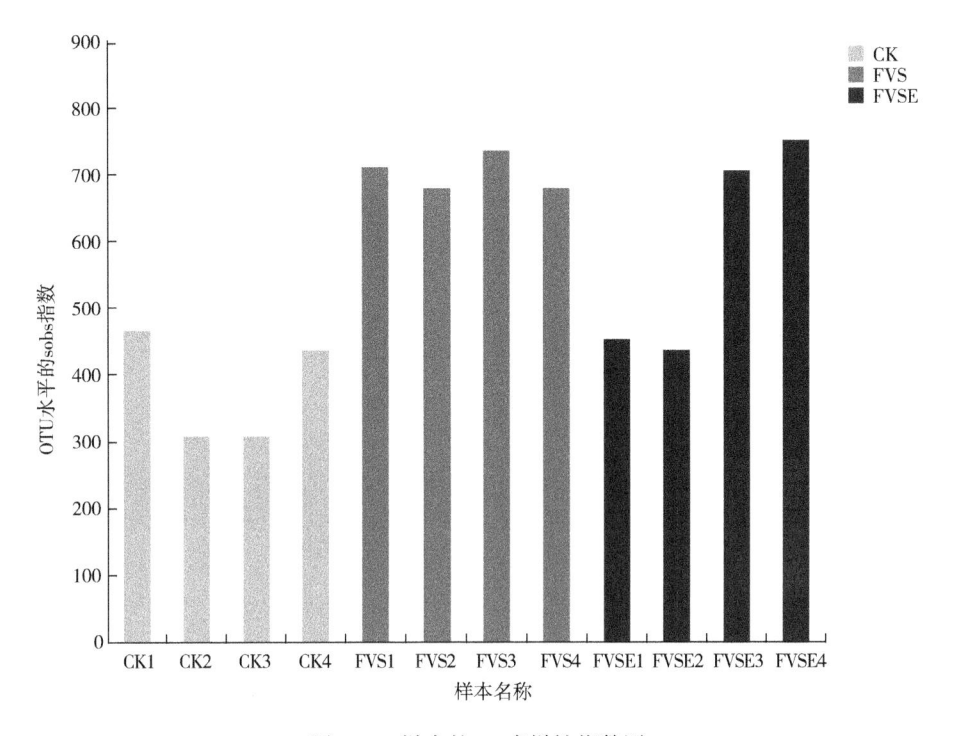

图 5-3 样本的 α-多样性指数图

不同样本 shannon 指数和 chao 指数组间差异情况见图 5-4 和图 5-5。由图 5-4 可以看出，对照组（CK）多样性指数较低，金针菇菇脚添加组（FVS 和 FVSE）多样性指数较高；FVSE 组的多样性指数与对照组相比有所提高，但没有显著差异；FVS 组与对照组相比，多样性指数极显著提高（$P<0.01$）；FVS 组和 FVSE 组多样性指数无显著差异。由 chao 指数组间差异直方图（图 5-5）可见，对照组（CK）丰度指数较低，金针菇菇脚添加组（FVS 和 FVSE）丰度指数较高；FVS 组的丰度指数与多样性指数结果相似，得到了极显著提高（$P<0.01$）；FVSE 组的丰度指数与对照组相比也显著提高（$P<0.05$）；FVS 组和 FVSE 组丰度指数无显著差异。

5.2.2.2 菌群组成分析

将对照组（CK）和金针菇菇脚添加组（FVS 和 FVSE）样本在门、科、属、种水平上进行菌群组成分析，发现金针菇菇脚的添加可使七彩鲑肠道菌

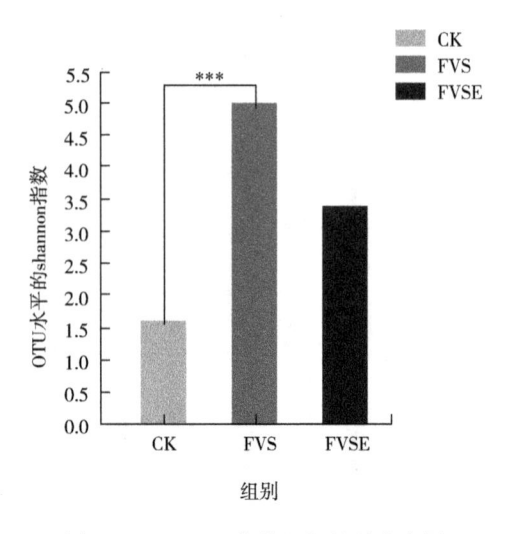

图 5-4　shannon 指数组间差异直方图

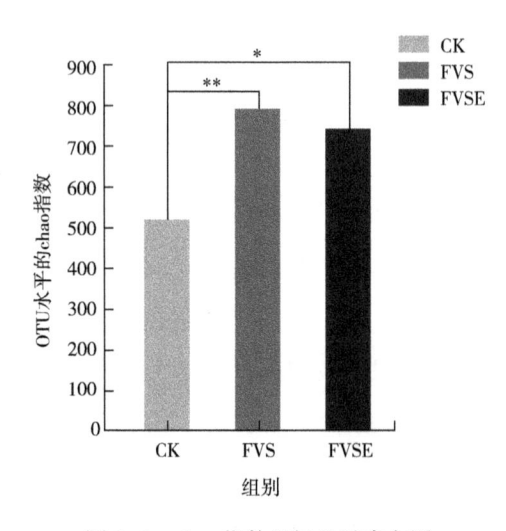

图 5-5　chao 指数组间差异直方图

群组成发生变化。

不同饲喂组样本肠道菌群微生物在门水平相对丰度做柱状图,如图 5-6 所示。样本共观察到了 12 种主要门的丰度,包括变形菌门(Proteobacteria)、放线菌门(Actinobacteria)、厚壁菌门(Firmicutes)、蓝藻门(Cyanobacteria)、绿弯菌门（Chloroflexi）、拟杆菌门（Bacteroidetes）、柔膜菌门（Tenericutes）、疣微菌门（Verrucomicrobia）、梭杆菌门（Fusobacteria）、Saccharibacteria、衣原体门（Chlamydiae）和螺旋菌门（Spirochaetae），那些序列并没有被分配到已知的微生物类群的细菌作为"未分类细菌"（others）。CK组的肠道样本中变形菌门（Proteobacteria）、放线菌门（Actinobacteria）、厚壁菌门（Firmicutes）、柔膜菌门（Tenericutes）、蓝藻门（Cyanobacteria）含量较高。FVS组样本中变形菌门（Proteobacteria）、放线菌门（Actinobacteria）、蓝藻门（Cyanobacteria）、疣微菌门（Verrucomicrobia）、厚壁菌门（Firmicutes）、Saccharibacteria、绿弯菌门（Chloroflexi）丰度较高。FVSE组样本中变形菌门（Proteobacteria）、放线菌门（Actinobacteria）、厚壁菌门（Firmicutes）、蓝藻门（Cyanobacteria）和拟杆菌门（Bacteroidetes）丰度较高。

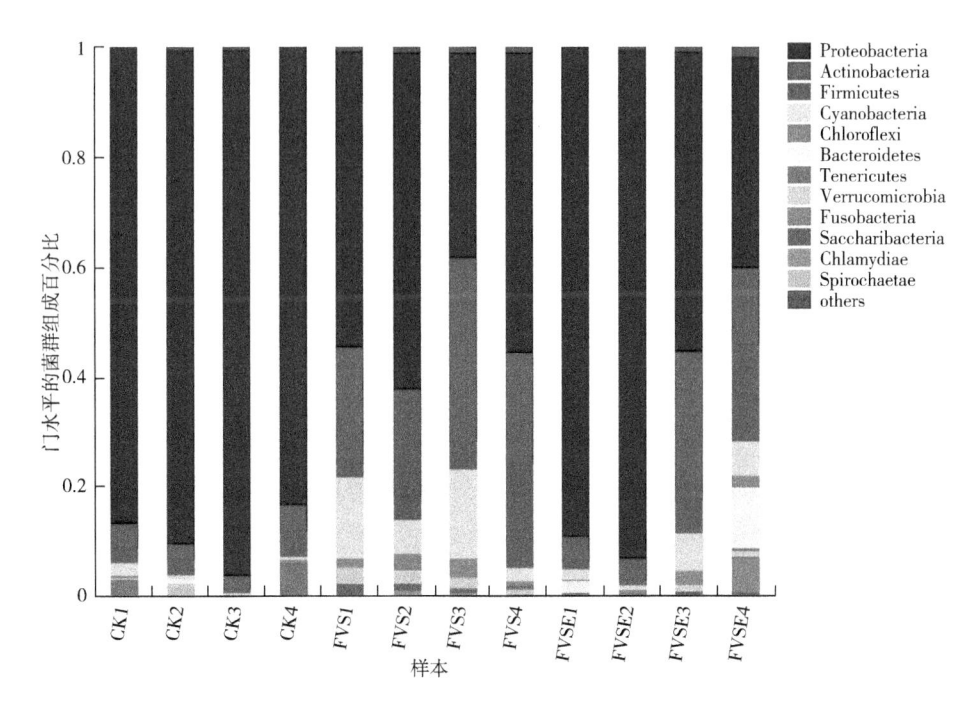

图 5-6　不同饲喂组微生物组成情况图（门水平）（彩图查看本书二维码）

CK、FVS和FVSE组样本组内合并后，分别做门水平微生物组成的饼状图（图5-7~图5-9），由图可知，变形菌门（Proteobacteria）是七彩鲑幼鱼肠道中的细菌群落占最主导地位的门，是最具优势的菌门，特别是在 CK 组样本中，其次是 FVSE 组，FVS 组中变形菌门（Proteobacteria）含量最少。除变形菌门（Proteobacteria）外，放线菌门（Actinobacteria）也是 FVS 和 FVSE 组鱼的肠内容物样品中的主要门类。

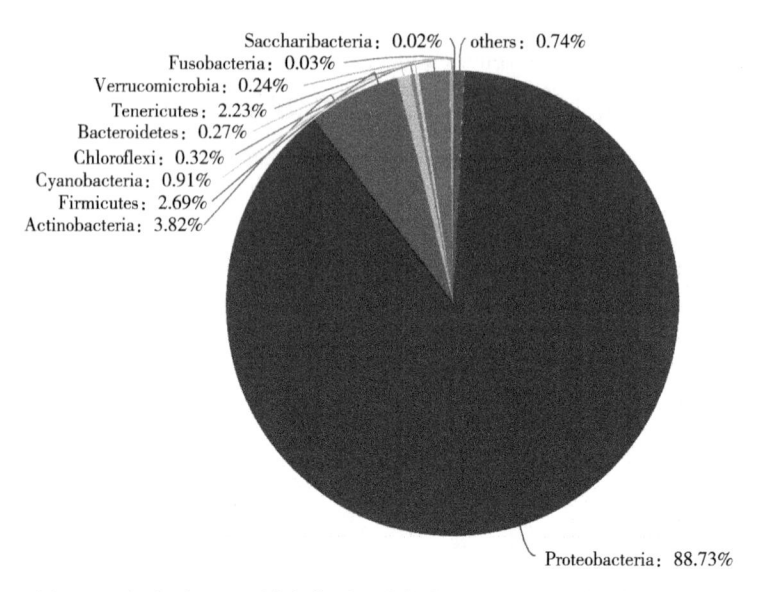

图 5-7 门水平 CK 组样本菌群组成饼状图（彩图查看本书二维码）

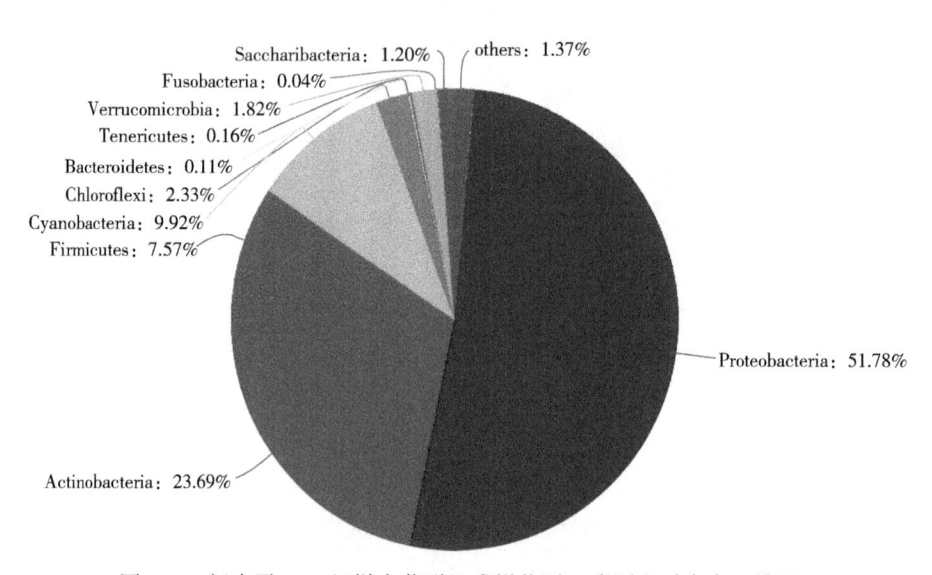

图 5-8 门水平 FVS 组样本菌群组成饼状图（彩图查看本书二维码）

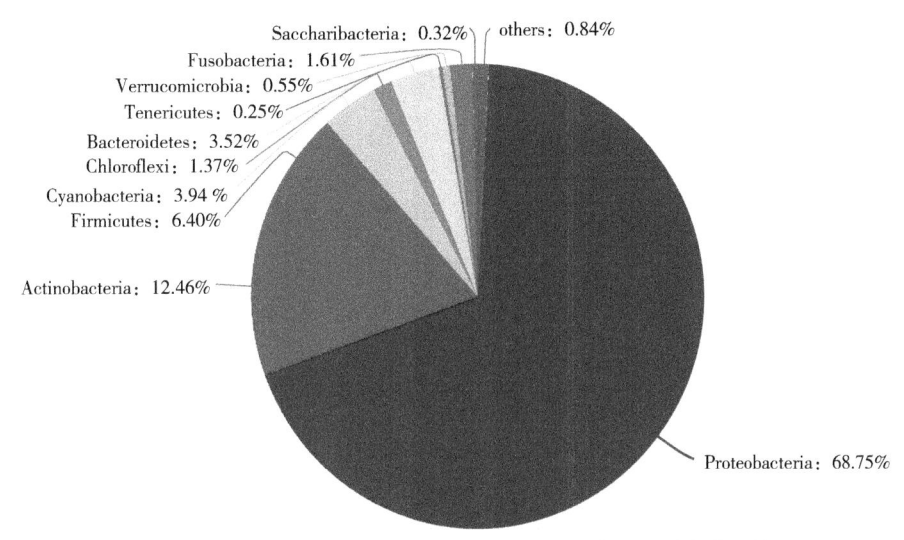

图 5-9 门水平 FVSE 组样本菌群组成饼状图（彩图查看本书二维码）

金针菇菇脚（FVS 和 FVSE）的添加可使七彩鲑幼鱼中变形菌门（Proteobacteria）和柔膜菌门（Tenericutes）细菌含量减少，放线菌门（Actinobacteria）、厚壁菌门（Firmicutes）、蓝藻门（Cyanobacteria）、绿弯菌门（Chloroflexi）和 Saccharibacteria 细菌含量增加。FVSE 的添加使拟杆菌门（Bacteroidetes）和梭杆菌门（Fusobacteria）细菌含量增加。

不同饲喂组样本肠道微生物在科水平相对含量做柱状图，如图 5-10 所示。不同饲喂组样本在科的水平上菌群组成存在差异，总体而言，奈瑟氏球菌科（Neisseriaceae）、红杆菌科（Rhodobacteraceae）和 Family_XIII_o_Bacillables 在三个饲喂组中含量较高，另外，气单胞菌科（Aeromonadaceae）、肠杆菌科（Enterobacteriaceae）、支原体科（Mycoplasmataceae）、希瓦氏菌科（Shewanellancese）在 CK 组中含量较高。蓝藻门某科（norank_c_Cyanobacteria）和 MNG7 在金针菇菇脚（FVS 和 FVSE）添加组中含量较高。金针菇菇脚（FVS 和 FVSE）的添加使七彩鲑幼鱼肠道中奈瑟氏球菌科（Neisseriaceae）、气单胞菌科（Aeromonadaceae）、肠杆菌科（Enterobacteriaceae）、支原体科（Mycoplasmataceae）、希瓦氏菌科（Shewanellancese）含量减少，使红杆菌科（Rhodobacteraceae）、Family_XIII_o_Bacillables、蓝藻门某科（norank_c_Cyanobacteria）和 MNG7 含量增加。

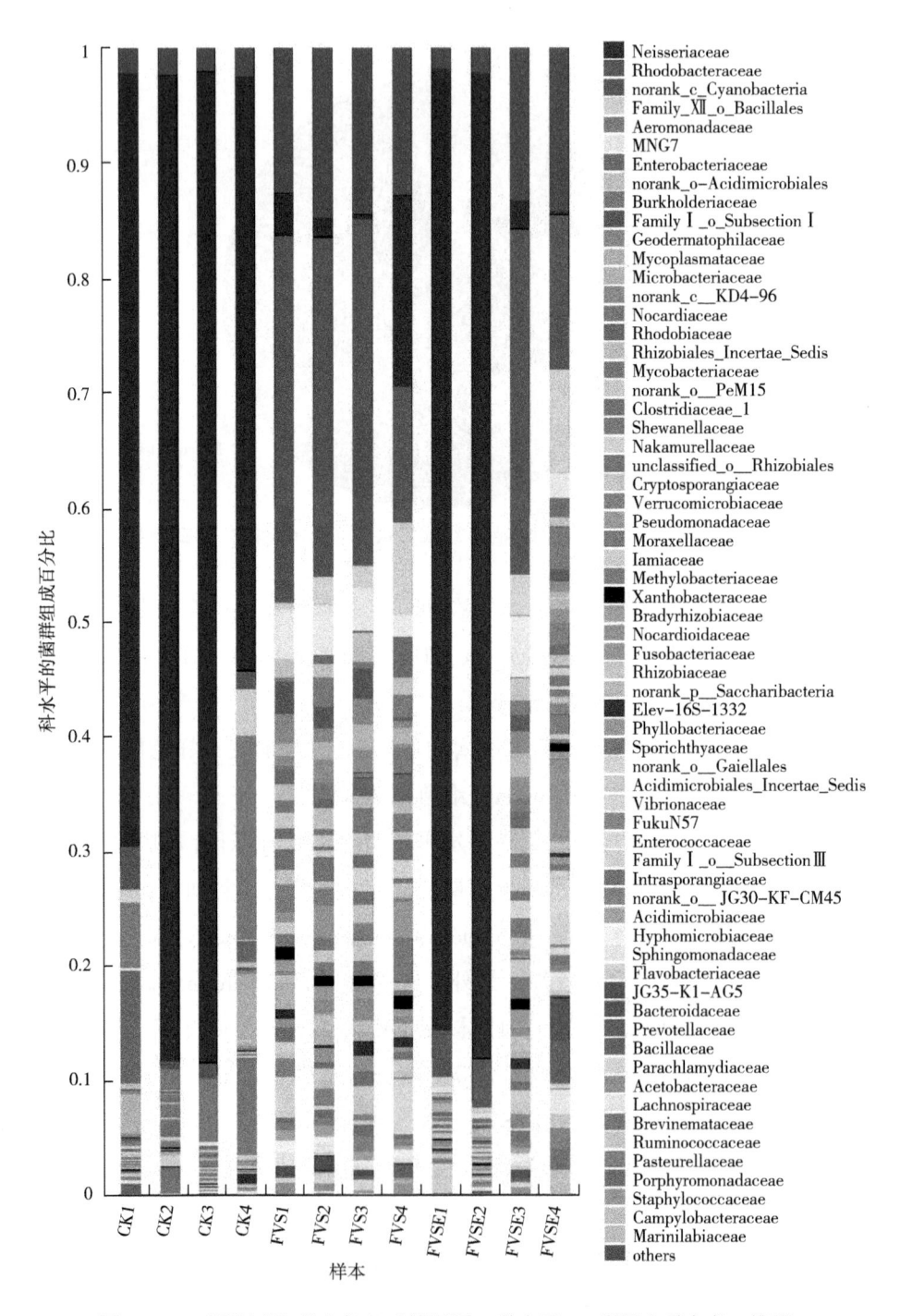

图 5-10 不同饲喂组微生物组成情况图（科水平）（彩图查看本书二维码）

图 5-11 为不同饲喂组样本肠道菌群在属水平相对含量柱状图。由图可以看出，CK 组中 Deefgea、气单胞杆菌属（Aeromonas）、邻单胞菌属（Plesiomonas）、希瓦氏菌属（Shewanella）、微小杆菌属（Exiguobacterium）、假丝酵

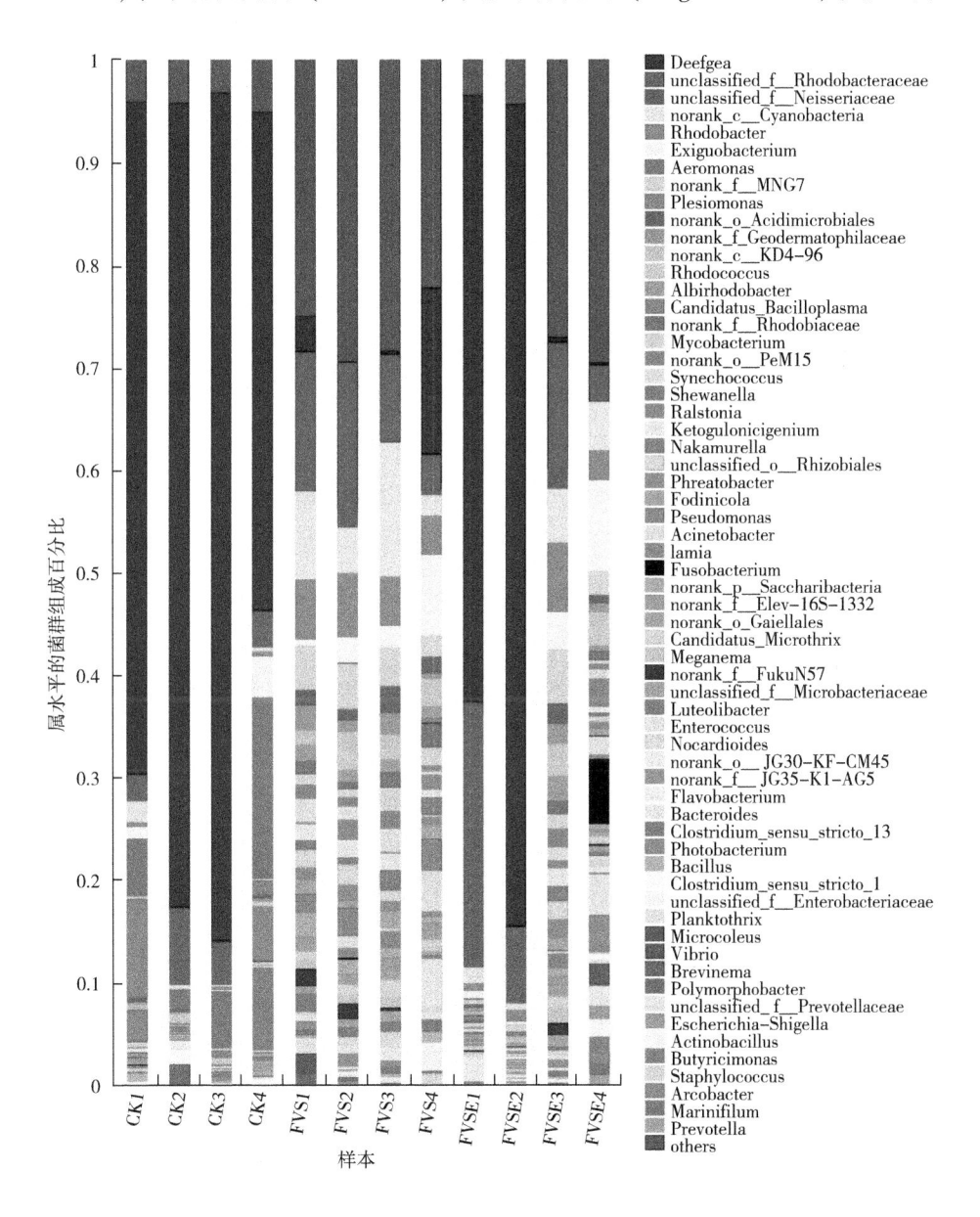

图 5-11　不同饲喂组微生物组成情况图（属水平）（彩图查看本书二维码）

母菌属（*Candidatus bacilloplasma*）和奈瑟氏球菌科某属（unclassified f Neisseriaceae）的含量较高。FVS 组中，"未分类细菌"（others）含量增加，*Deefgea*、红杆菌属（*Rhodobacter*）、微小杆菌属（*Exiguobacterium*）及红藻科某属（unclassified f Rhodobacteraceae）、蓝藻纲某属（norank c Cyanobacteria）和 MNG7 科某属（norank f MNG7）含量较高，其他十余种细菌含量基本相同（1%~2%）。FVSE 组中，*Deefgea*、红杆菌属（*Rhodobacter*）、微小杆菌属（*Exiguobacterium*）、梭杆菌属（*Fusobacterium*）、红藻科某属（unclassified f Rhodobacteraceae）、奈瑟氏球菌科某属（unclasified f Neisseriaceae）、蓝藻纲某属（norank c Cyanobacteria）和 MNG7 科某属（norank f MNG7）含量较高。金针菇菇脚（FVS 和 FVSE）的添加使 *Deefgea*、气单胞杆菌属（*Aeromonas*）、邻单胞菌属（*Plesiomonas*）、希瓦氏菌属（*Shewanella*）和假丝酵母菌属（*Candidatus bacilloplasma*）的含量减少，使红杆菌属（*Rhodobacter*）、微小杆菌属（*Exiguobacterium*）及红藻科某属（unclassified f Rhodobacteraceae）、蓝藻纲某属（norank c Cyanobacteria）和 MNG7 科某属（norank f MNG7）含量增加。FVSE 的添加也使奈瑟氏球菌科某属（unclasified f Neisseriaceae）和梭杆菌属（*Fusobacterium*）含量增加。

不同饲喂组样本肠道微生物在种水平相对含量见图 5-12。未注释到的种水平的 OTUs 较多，只注释到了 11 个种，而且大部分含量较少。在注释到的种中，CK 组 *Aeromonas sobia* 含量较多，金针菇菇脚（FVS 和 FVSE）添加组中 *Exiguobacterium sibiricum* 255-15 和 *Nannochloropsis oceanica* g norank 含量较多。

5.2.2.3 菌群组成相似性和差异性分析

不同饲喂组七彩鲑幼鱼肠道细菌在门水平上含量较高的门类统计情况见表 5-3。CK 组的 4 尾鱼的肠道细菌分别归属于 11、11、8、9 个门，变形菌门（Proteobacteria）在 CK 组中含量最高，4 尾鱼中均达到了 80% 以上，其他各门在肠道中含量均小于 5%。FVS 组的 4 尾鱼的肠道细菌分别归属于 10、10、10、11 个门，变形菌门（Proteobacteria）、放线菌门（Actinobacteria）是含量较高的门类，其中 3 尾鱼中蓝藻门（Cyanobacteria）含量较高，1 尾鱼厚壁

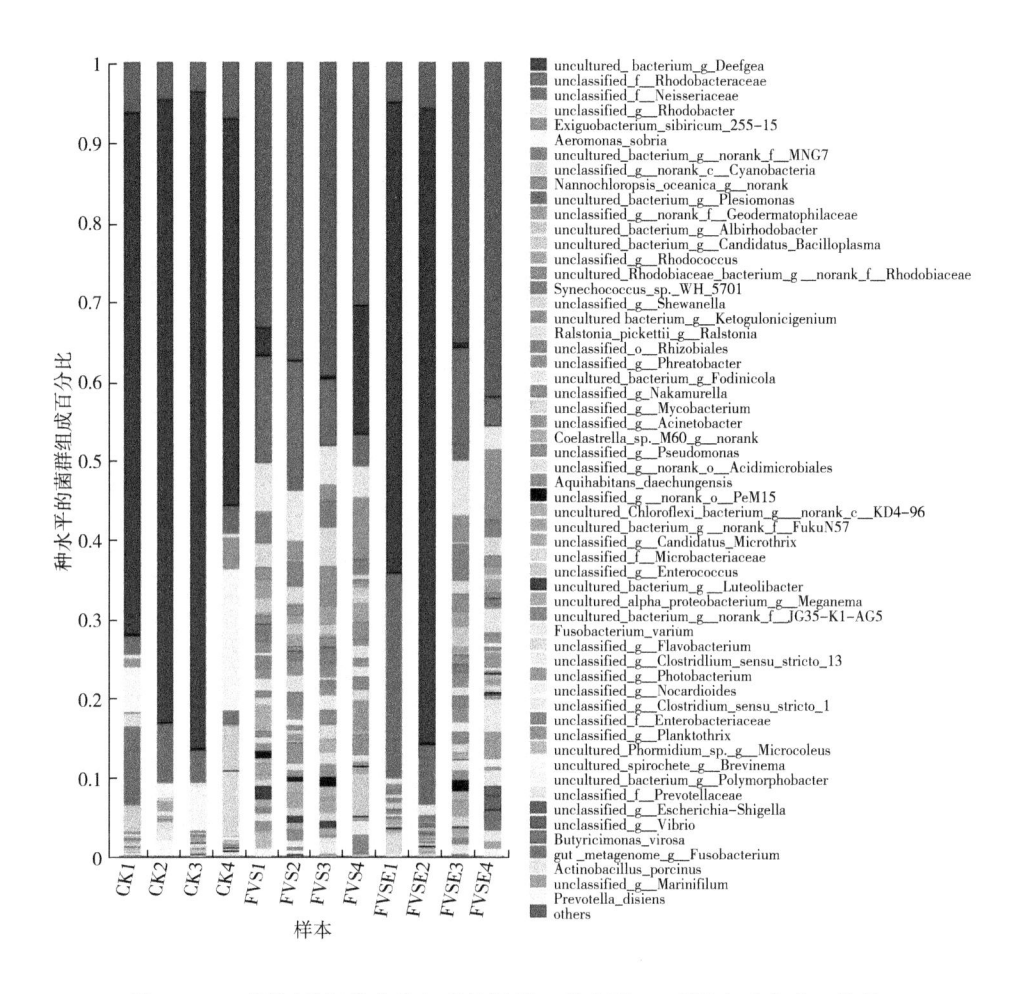

图 5-12 不同饲喂组微生物组成情况图（种水平）（彩图查看本书二维码）

菌门（Firmicutes）含量较高。FVSE 组的 4 尾鱼的肠道细菌分别归属于 10、11、10、12 个门，变形菌门（Proteobacteria）、放线菌门（Actinobacteria）含量较高，其中的 2 尾鱼变形菌门（Proteobacteria）细菌含量超过了 80%，另外 2 尾变形菌门（Proteobacteria）含量相对较少，放线菌门（Actinobacteria）含量相对较多。与 CK 组相比，金针菇菇脚（FVS 和 FVSE）添加组中绿弯菌门（Chloroflexi）、拟杆菌门（Bacteroidetes）和梭杆菌门（Fusobacteria）含量有所增加。

表 5-3 样本中含量较高的门类统计表

样本	门1	门2	门3	门4	门5	总门数
CK1	变形菌门 (86.48%)	放线菌门 (4.60%)	柔膜菌门 (2.96%)	厚壁菌门 (2.56%)	蓝藻门 (2.30%)	11
CK2	变形菌门 (89.92%)	放线菌门 (3.04%)	厚壁菌门 (2.80%)	螺旋菌门 (2.05%)	拟杆菌门 (0.93%)	11
CK3	变形菌门 (95.53%)	放线菌门 (2.67%)	厚壁菌门 (0.65%)	蓝藻门 (0.36%)	疣微菌门 (0.19%)	8
CK4	变形菌门 (83.00%)	柔膜菌门 (5.95%)	放线菌门 (4.98%)	厚壁菌门 (4.75%)	蓝藻门 (0.53%)	9
FVS1	变形菌门 (53.79%)	放线菌门 (21.24%)	蓝藻门 (14.84%)	疣微菌门 (2.77%)	螺旋菌门 (2.23%)	10
FVS2	变形菌门 (61.30%)	放线菌门 (19.71%)	蓝藻门 (6.39%)	厚壁菌门 (3.93%)	绿弯菌门 (2.97%)	10
FVS3	变形菌门 (37.31%)	放线菌门 (33.55%)	蓝藻门 (16.12%)	厚壁菌门 (5.10%)	绿弯菌门 (3.55%)	10
FVS4	变形菌门 (54.73%)	放线菌门 (20.27%)	厚壁菌门 (18.77%)	蓝藻门 (2.35%)	绿弯菌门 (1.13%)	11
FVSE1	变形菌门 (88.90%)	放线菌门 (4.51%)	拟杆菌门 (2.35%)	蓝藻门 (1.79%)	厚壁菌门 (1.39%)	10
FVSE2	变形菌门 (92.83%)	放线菌门 (3.86%)	蓝藻门 (0.93%)	厚壁菌门 (0.88%)	绿弯菌门 (0.60%)	11
FVSE3	变形菌门 (54.66%)	放线菌门 (27.58%)	蓝藻门 (6.89%)	厚壁菌门 (5.64%)	绿弯菌门 (2.48%)	10
FVSE4	变形菌门 (38.60%)	放线菌门 (13.89%)	厚壁菌门 (17.70%)	拟杆菌门 (11.00%)	梭杆菌门 (6.43%)	12

不同饲喂组的样本在属水平上层级聚类分析，如图 5-13 所示，结合图 5-11 属水平微生物组成情况柱形图可知，在属水平上，CK3 和 FVSE2 菌群的相似性较高，聚类在一起，*Deefgea* 和奈瑟球菌科某属（unclassified f Neisseriaceae）的含量较高；二者聚类后再与 CK2 聚类，CK2 中 *Deefgea* 和奈瑟球菌科某属（unclassified f Neisseriaceae）含量也很高，并且还有气单胞杆菌属

（*Aeromonas*）和螺旋体属（*Brevinema*）；然后再与 FVSE1 聚类，FVSE1 中 *Deefgea* 含量减少，奈瑟球菌科某属（unclasified f Neisseriaceae）含量增加，另外还含有红藻科某属（unclassified f Rhodobacteraceae）、蓝藻纲某属（norank c Cyanobacteria）；最后与 CK4 聚类，CK4 中 *Deefgea*、气单胞杆菌属（*Aeromonas*）含量较高，还有希瓦氏菌属（*Shewanella*）、微小杆菌属（*Exiguobacterium*）、假丝酵母菌属（*Candidatus bacilloplasma*）。FVS2 和 FVSE3 菌群相似性较高，发生聚类，其中红藻科某属（unclassified f Rhodobacteraceae）、红杆菌属（*Rhodobacter*）、蓝藻纲某属（norank c Cyanobacteria）和 MNG7 科某属（norank f MNG7）等含量较高；再与 FVS1 聚类，FVS1 中蓝藻纲某属（norank c Cyanobacteria）含量增加，三者与 FVS3 再聚类，FVS3 中 *Deefgea* 和红藻科某属（unclassified f Rhodobacteraceae）含量减少，蓝藻纲某属（norank c Cyanobacteria）含量增加；四者与 FVS4 聚类后再和 FVSE4 聚类，FVS4 和 FVSE4 含有较多的微小杆菌属（*Exiguobacterium*）。由以上结果可知，对照组（CK）和金针菇菇脚粉添加组（FVS）肠道菌群各自聚类在一起，说明 FVS 的添加使七彩鲑幼鱼肠道菌群组成有所改变，二者没有聚类在一起，而金针菇菇脚提取液（FVSE）饲喂后，肠道菌群组成相似性较低，没有发生聚类。

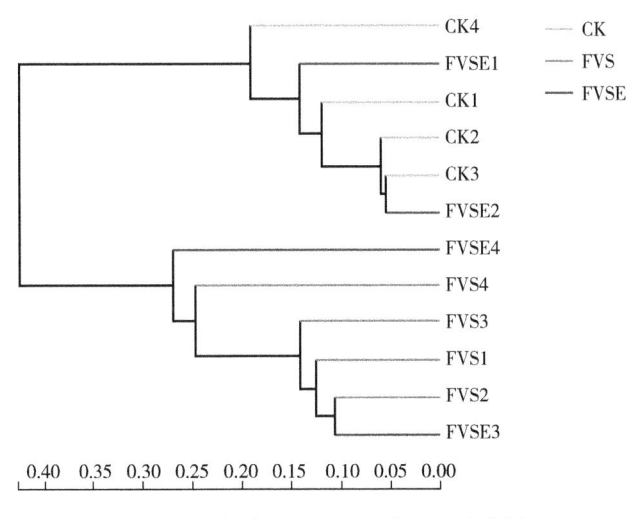

图 5-13　样本在属水平上的层级聚类树

基于丰度最高的 50 个 OTU 做聚类热图，如图 5-14 所示，对照组（CK）

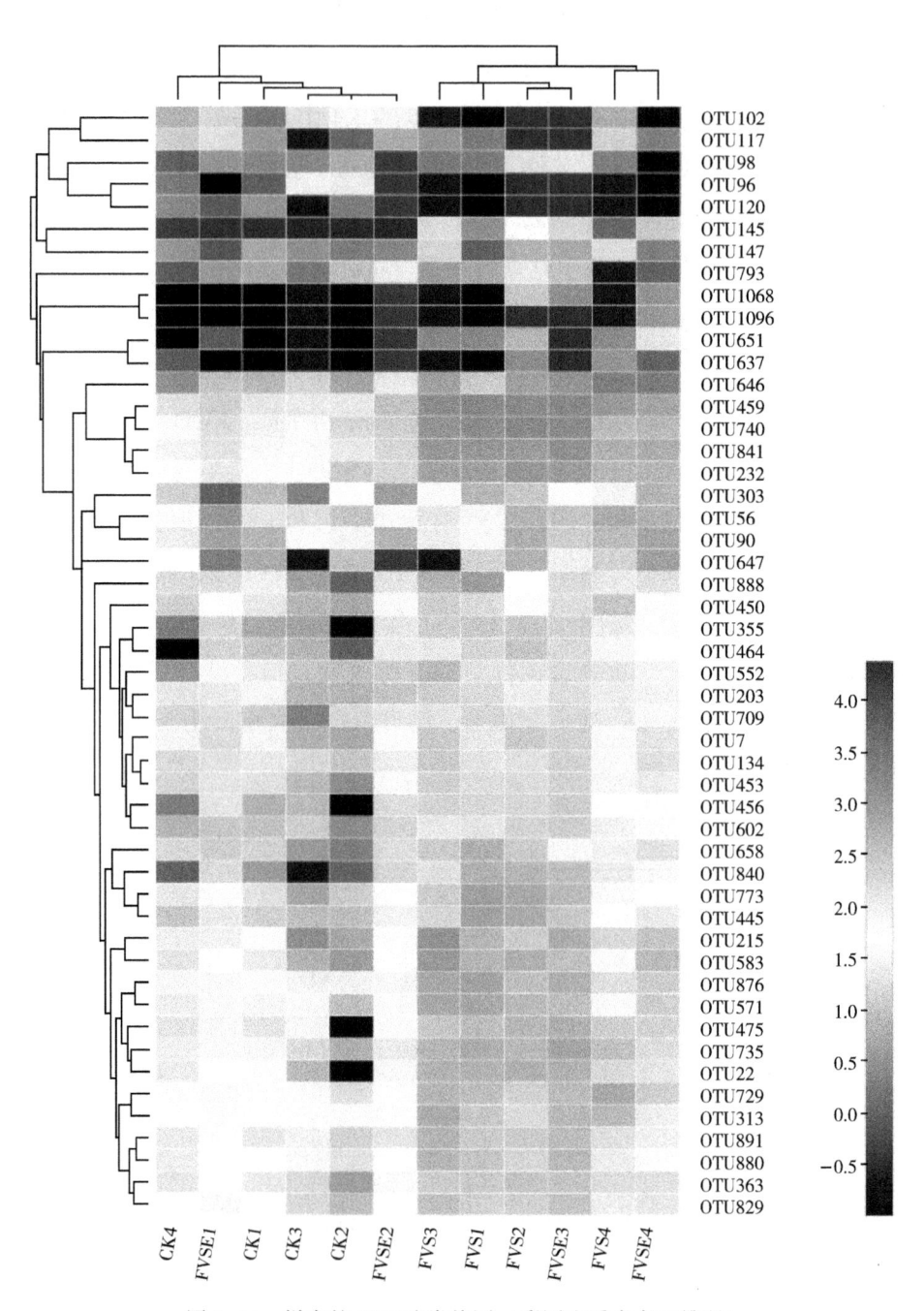

图 5-14 样本的 OTU 聚类热图（彩图查看本书二维码）

的 4 尾鱼肠道菌群组成的相似性较高，聚类在一起；金针菇菇脚粉（FVS）添加组的 4 尾鱼也由于相似性较高聚类在一起，而金针菇菇脚提取液（FVSE）添加组的 4 尾鱼肠道菌群组成的相似性较低，没有聚类在一起。这一结果与属水平的层级聚类的结果一致，说明金针菇菇脚粉（FVS）的添加使七彩鲑幼鱼的肠道菌群组成发生变化。

将三组样本组间合并后，基于丰度较高的 30 个属做聚类热图，如图 5-15 所示。CK 组和 FVSE 组肠道菌群有着较高的相似性，聚类在一起，说明 FVSE

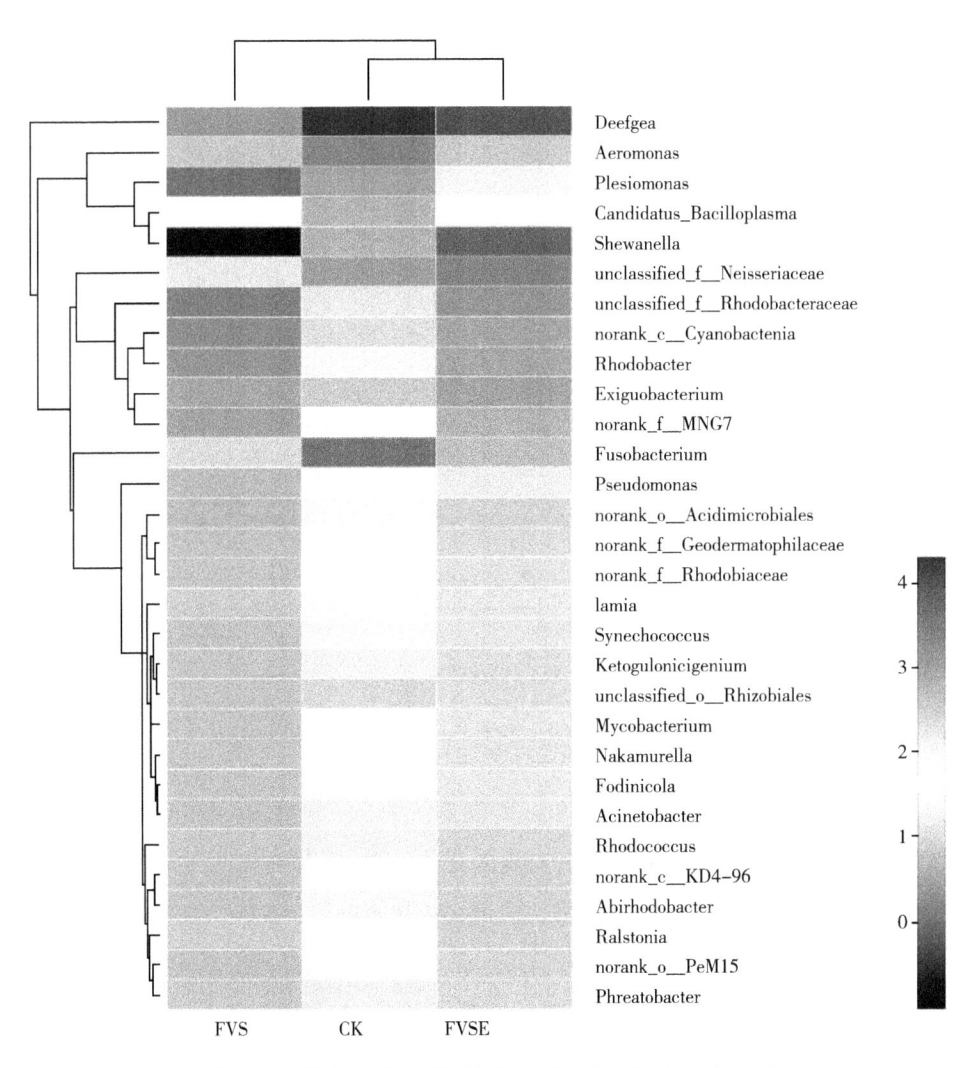

图 5-15 样本的属水平聚类热图（彩图查看本书二维码）

的添加对七彩鲑幼鱼肠道菌群的影响不大；二者再与 FVS 组聚类，说明 FVS 的添加使七彩鲑幼鱼肠道菌群发生了一定变化。这一结果与 OTU 水平聚类的结果一致。

分别采用 euclidean、binary euclidean、weighted unifrac 和 unweighted unifrac 的距离算法进行样本主成分分析，如图 5-16~图 5-19 所示。

考虑物种丰度的 euclidean 距离算法 PCoA 分析图（图 5-16）中可以看出，PC1 和 PC2 贡献了共 96.07% 的变化。CK 组和 FVS 组样本各自聚在一起，而 FVSE 组样本相对分散在图中，没有聚在一起。

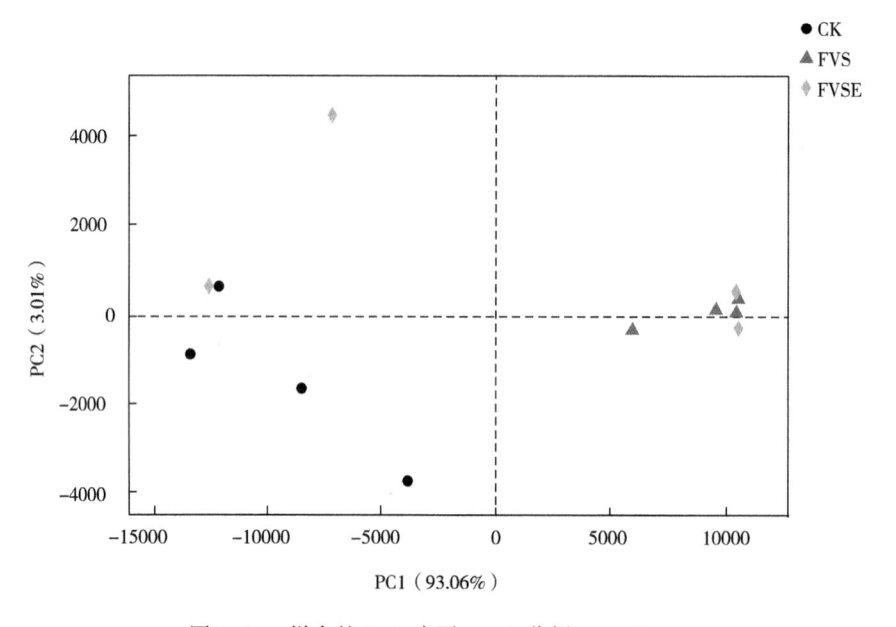

图 5-16 样本的 OTU 水平 PCoA 分析（euclidean）

考虑物种有无的 binary euclidean 距离算法 PCoA 分析图（图 5-17）中可以看出，PC1 和 PC2 贡献了共 32.83% 的变化。CK 组和 FVS 组样本各自聚在一起，而 FVSE 组样本也相对聚集，但聚集效果不好。

考虑物种间进化距离和物种丰度的 weighted unifrac 距离算法 PCoA 分析图（图 5-18）中可以看出，PC1 和 PC2 贡献了共 93.26% 的变化。其结果与 euclidean 距离算法 PCoA 分析结果相似。

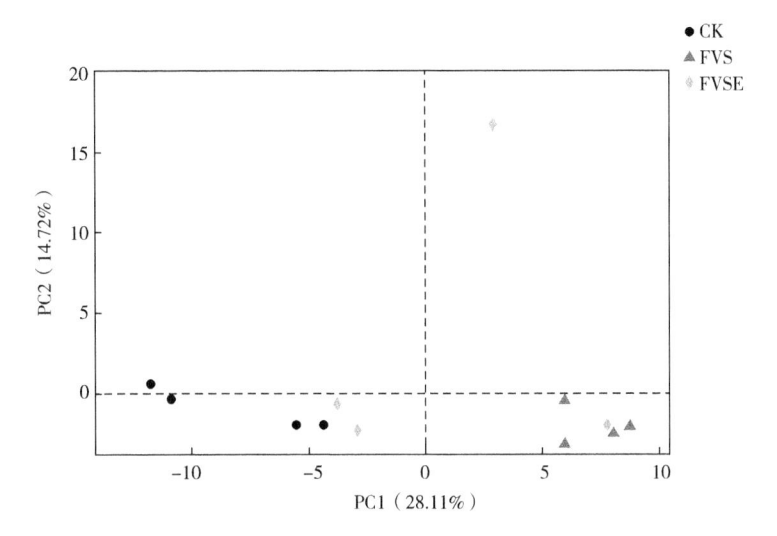

图 5-17 样本的 OTU 水平 PCoA 分析（binary euclidean）

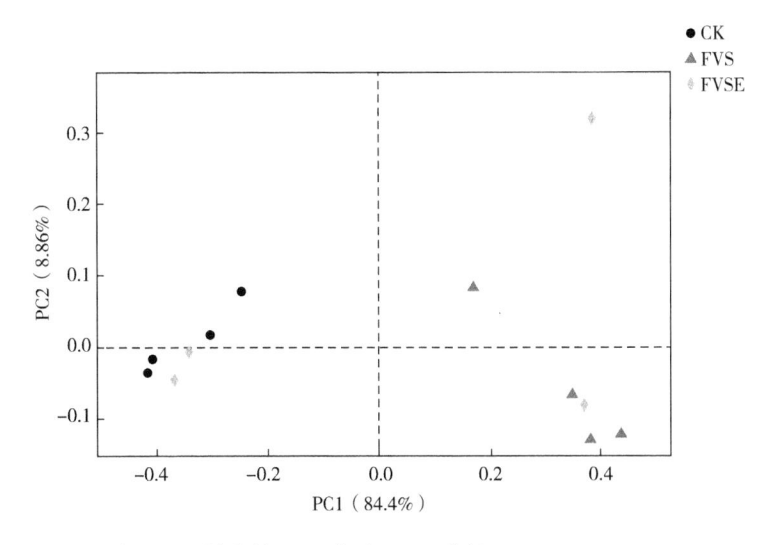

图 5-18 样本的 OTU 水平 PCoA 分析（weighted unifrac）

考虑物种间进化距离和物种有无的 unweighted unifrac 距离算法 PCoA 分析图（图 5-19）中可以看出，PC1 和 PC2 贡献了共 49.35% 的变化。其结果与 binary euclidean 距离算法 PCoA 分析结果相似。

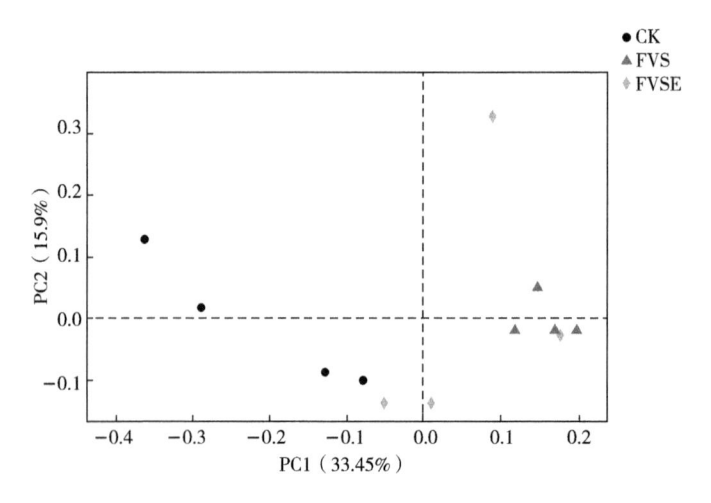

图 5-19 样本的 OTU 水平 PCoA 分析（unweighted unifrac）

综上可知，CK 组和 FVS 组样本无论在进化距离、丰度和物种有无方面均出现了明显差异，而 FVSE 组样本在丰度上与 CK 组和 FVS 组差异较小，在物种的有无上存在差异。

以上 4 种 PCoA 分析显示 CK 组与 FVSE 组样本没有明显区分开来，PLS-DA 分析（图 5-20）是一种适合高维数据的有监督分析，FVSE 组与 CK 组样本可以分开聚类，表明组间细菌群落的整体结构具有显著差异；PLS-DA 分析中的样本点分布可以看出，金针菇菇脚（FVS 和 FVSE）添加组样本具有更

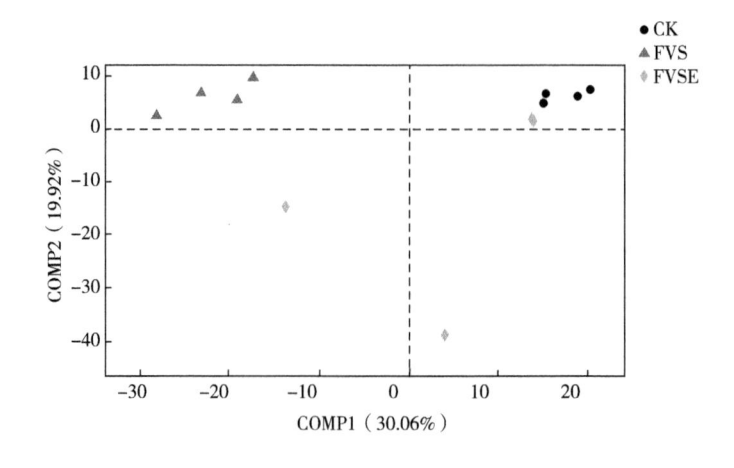

图 5-20 样本的 OTU 水平 PLS-DA 分析

分散的分布模式。

利用 ANOSIM 分析进一步比较 CK 组和 FVS、FVSE 组肠道菌群组成之间的差异性，如图 5-21 和图 5-22 所示，CK 组和 FVS 组样本相比，R 值为 0.9688，P 值为 0.029，说明组间差异大于组内差异，两组样本组间差异显著；CK 组和 FVSE 组样本相比，R 值为 0.0208，P 值为 0.413，说明组内差异大于组间差异，两组样本组间差异不显著。

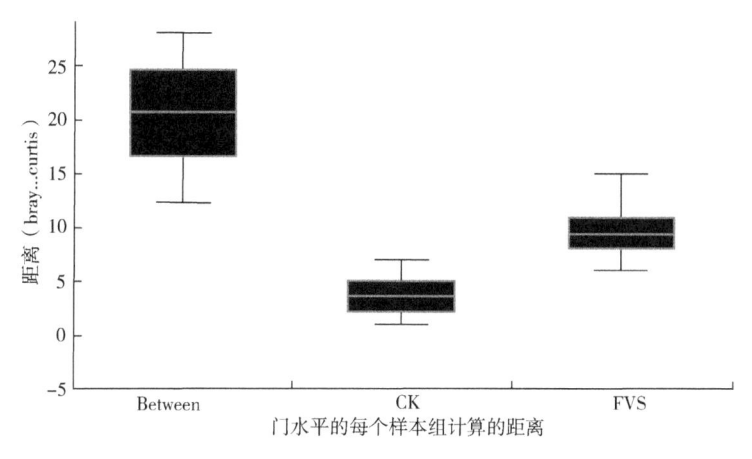

图 5-21 样本 ANOSIM 分析（FVS VS CK）

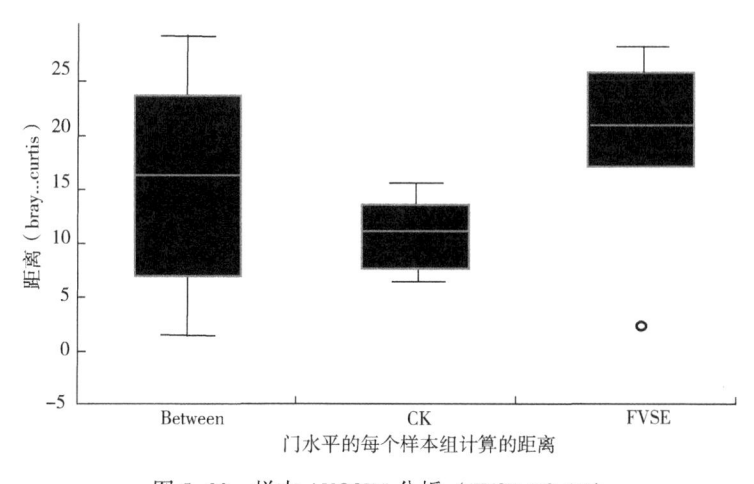

图 5-22 样本 ANOSIM 分析（FVSE VS CK）

为了探讨金针菇菇脚（FVS 和 FVSE）的添加对七彩鲑幼鱼肠道菌群影

响，更直观地看出 FVS 组和 FVSE 组与 CK 组菌群组成的差异，进行了 FVS 组和 CK 组之间、FVSE 组和 CK 组之间在门、属、种水平上差异情况的 wilcoxon 秩和检验，如图 5-23~图 5-28 所示。

在门的分类学水平上，如图 5-23 所示，与 CK 组相比，FVS 组变形菌门（Proteobacteria）显著减少、放线菌门（Actinobacteria）、蓝藻门（Cyanobacteria）、绿弯菌门（Chloroflexi）、疣微菌门（Verrucomicrobia）、Saccharibacteria、衣原体门（Chlamydiae）显著增加；如图 5-24 所示，FVSE 组与 CK 组相比，只有衣原体门（Chlamydiae）显著增加。

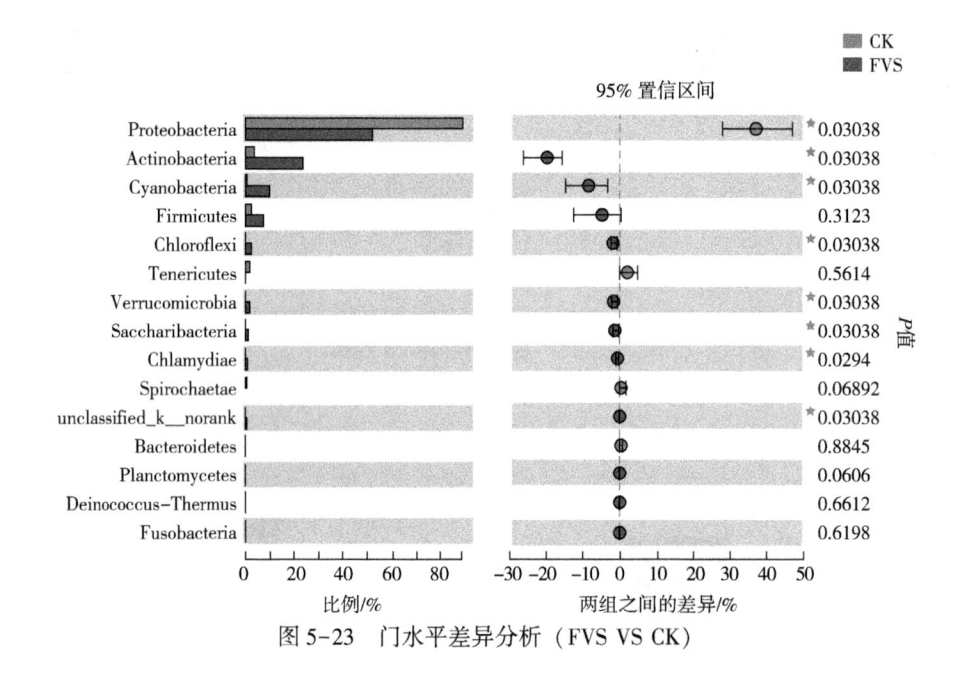

图 5-23 门水平差异分析（FVS VS CK）

在属的分类学水平上，如图 5-25 所示，与 CK 组相比，FVS 组 *Deefgea*、气单胞杆菌属（*Aeromonas*）、奈瑟球菌科某属（unclasified f Neisseriaceae）、邻单胞菌属（*Plesiomonas*）和希瓦氏菌属（*Shewanella*）显著减少，红藻科某属（unclassified f Rhodobacteraceae）、红杆菌属（*Rhodobacter*）、MNG7 科某属（norank f MNG7）、酸浆菌目某属（norank o Acidimicrobiales）、地嗜皮菌科某属（norank f Geodermatophilaceae）和红景天科某属（norank f Rhodobiaceae）显著增加。如图 5-26 所示，FVSE 组与 CK 组相比，气单胞杆菌属（*Aeromonas*）

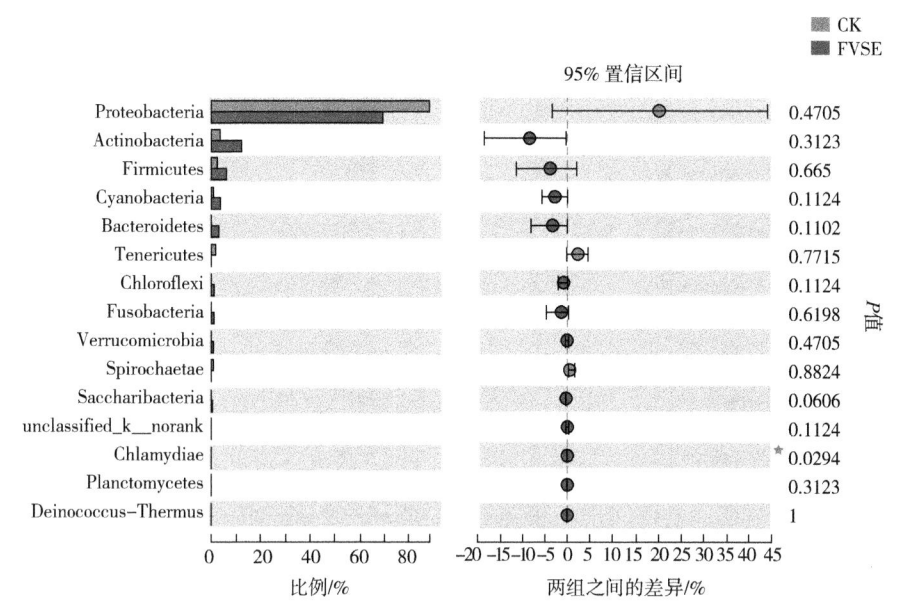

图 5-24 门水平差异分析（FVSE VS CK）

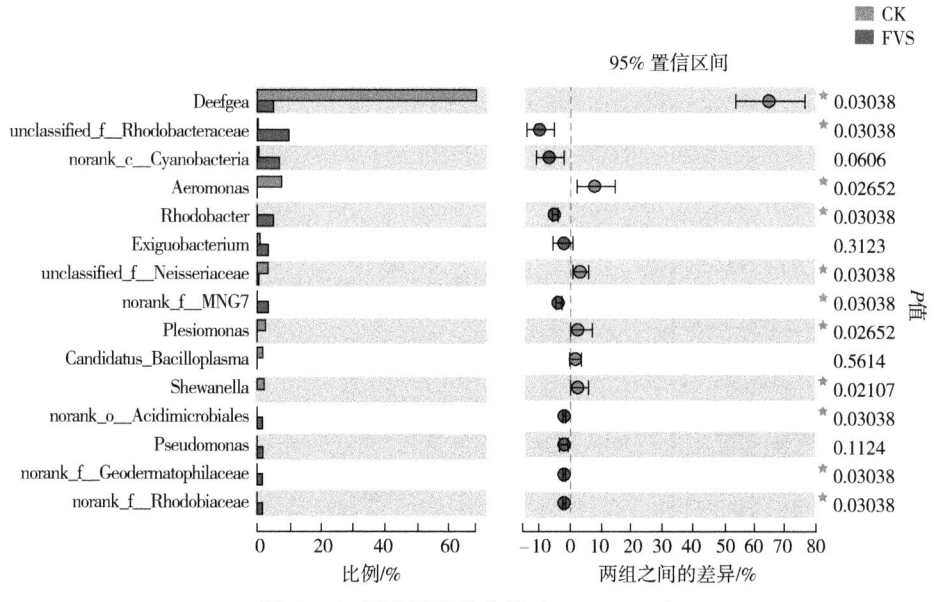

图 5-25 属水平差异分析（FVS VS CK）

和希瓦氏菌属（*Shewanella*）显著减少，红藻科某属（unclassified f Rhodobacteraceae）、红杆菌属（*Rhodobacter*）和 MNG7 科某属（norank f MNG7）显著增加。

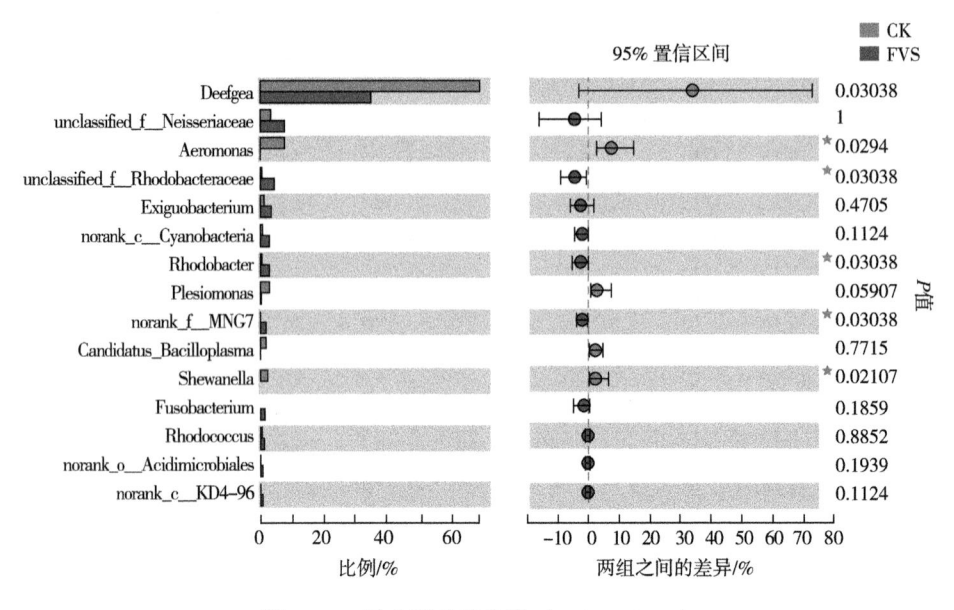

图 5-26　属水平差异分析（FVSE VS CK）

在种的分类学水平上，很多种都没有注释到，如图 5-27、图 5-28 所示，FVS 组与 CK 组相比，*Aeromonas sobria* 显著减少，*Nannochloropsis oceanica* g norank、*Synechococcus* sp. WH 5701 显著增加。FVSE 组与 CK 组相比，*Aeromonas sobria* 显著减少。

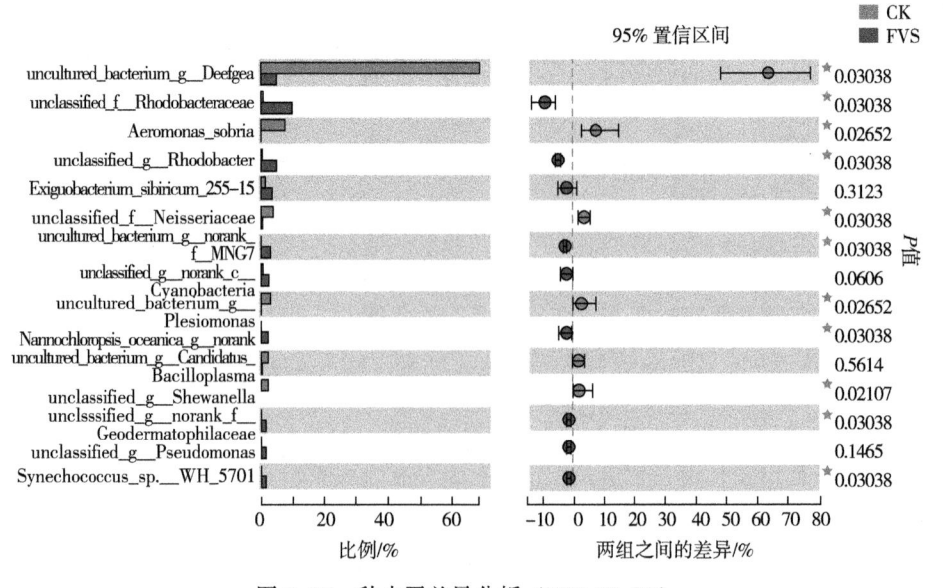

图 5-27　种水平差异分析（FVS VS CK）

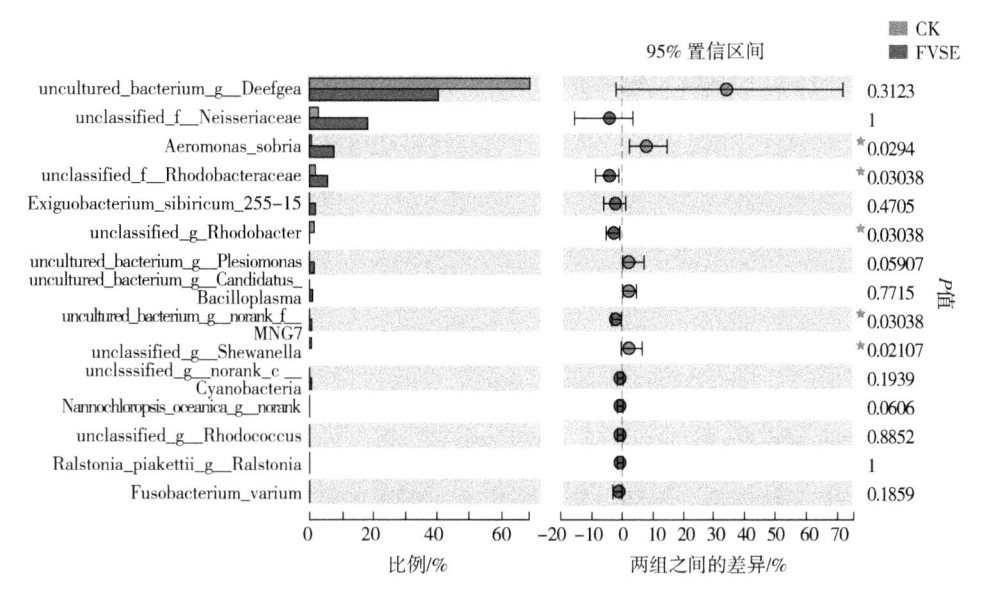

第5章 金针菇菇脚对七彩鲑幼鱼肠道菌群的影响

图 5-28 种水平差异分析（FVSE VS CK）

5.2.2.4 核心菌群和相关性分析

通过 Venn 图（图 5-29）分析金针菇菇脚饲喂后，七彩鲑幼鱼肠道核心

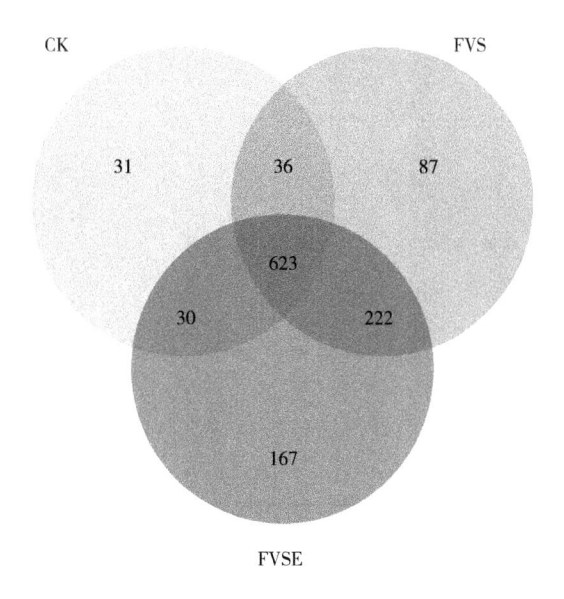

图 5-29 肠道菌群组成 Venn 图

菌群组成的变化。CK、FVS、FVSE 组共有 623 个 OTUs，FVS 组和 CK 组共有 659 个，FVSE 组和 CK 组共有 653 个，FVS 组和 FVSE 组共有 845 个，CK、FVS、FVSE 组独有的 OTUs 数分别为 31、87、167。FVS 组和 FVSE 组在核心菌群的组成上相似，共有的 OTUs 数目较多，FVSE 组独有的 OTUs 数目较多。共有的 623 个 OTUs 中，在三组中 reads 数较高的有 *Deefgea*、红藻科某属（unclassified f Rhodobacteraceae）、奈瑟球菌科某属（unclassified f Neisseriaceae）、蓝藻纲某属（norank c Cyanobacteria）、红杆菌属（*Rhodobacter*）、微小杆菌属（*Exiguobacterium*）和气单胞杆菌属（*Aeromonas*）。

在属的分类水平上，做三元相图（图 5-30），图中三个角分别代表 CK、FVS、FVSE 三组样本，图例中彩色圆代表三角图中圆圈所属的物种在门水平的分类，三角图中的圆圈代表门分类水平下属水平的物种分类，圆圈大小代表物种的平均相对丰度。由图可知，在三组样本中变形菌门（Proteobacteria）和放线菌门（Actinobacteria）含量最高。变形菌门的希瓦氏菌属（*Shewanel-*

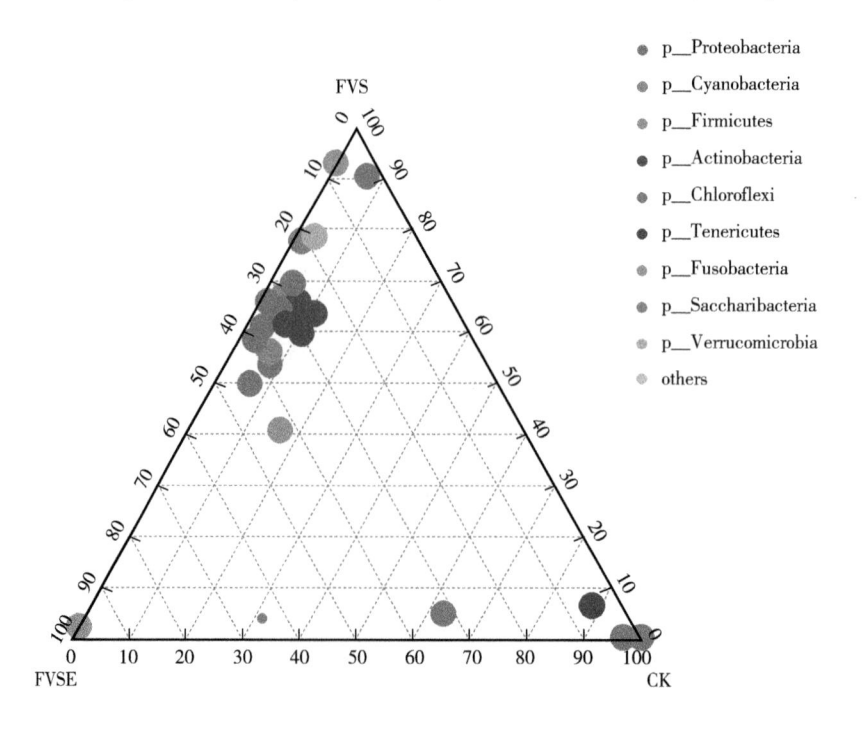

图 5-30 肠道菌群组成三元相图（彩图查看本书二维码）

第5章 金针菇菇脚对七彩鲑幼鱼肠道菌群的影响

la)、邻单胞菌属（*Plesiomonas*）、*Deefgea* 和柔膜菌门（Tenericutes）的假丝酵母菌属（*Candidatus bacilloplasma*）主要出现在 CK 组中，分别占总量的 100%、97.2%、63.2%和87.9%，希瓦氏菌属是 CK 组特有的属；变形菌门的假单胞菌属（*Pseudomonas*）和厚壁菌门（Firmicutes）的肠球菌属（*Enterococcus*）主要出现在 FVS 组中，分别占总量的 90.4% 和 92.8%；梭杆菌门（Fusobacteria）中检测得到唯一的梭杆菌属（*Fusobacterium*）主要出现在 FVSE 组中，占总量的 97.6%。疣微菌门（Verrucomicrobia）检测得到唯一的黄杆菌属（*Luteolibacter*）在 CK、FVS、FVSE 中的占比分别为 3.03%、79.0% 和 18.0%。Saccharibacteria 检测得到唯一种（g norank p Saccharibacteria）在 CK、FVS、FVSE 中的占比分别为 3.03%、77.9% 和 20.6%。变形菌门和放线菌门的一些其他属在 CK 组、FVS 组和 FVSE 组含量关系为 FVS 组>FVSE 组>CK 组。

在 OTU 的水平上对物种丰度大于 50 的样本与物种做共线性网络图（图5-31），由图5-31可知，这些 OTUs 中，只有 OTU56（红球菌属 *Rhodococcus*）、OTU145（*Deefgea*）、OTU147（奈瑟球菌科 Neisseriaceae）、OTU459（红杆菌属 *Rhodobacter*）、OTU646（*Exiguobacterium sibiricum* 255-15）和

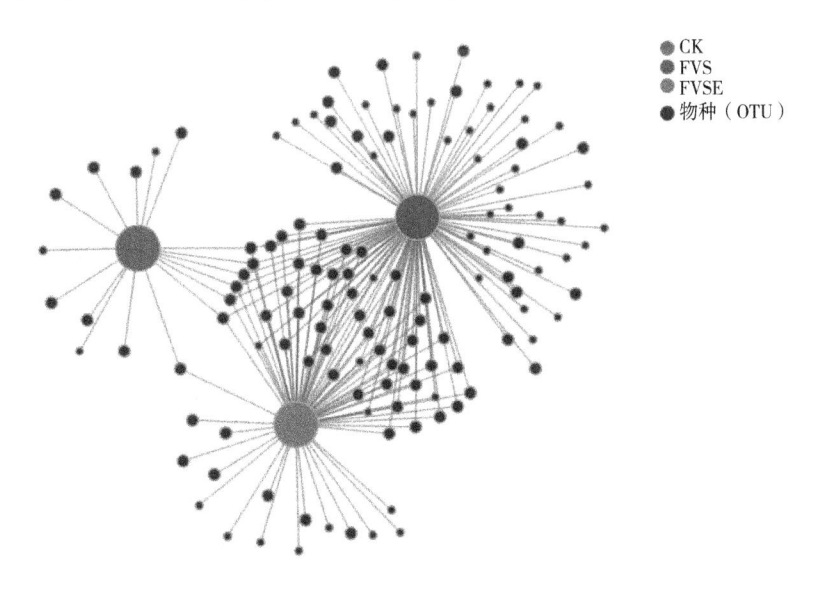

图 5-31 肠道菌群组成共现性网络图（OTU 水平）（彩图查看本书二维码）

OTU740（红藻科 Rhodobacteraceae）与三组样本均相关，而有大量的 OTUs 与 FVS 组和 FVSE 组相关。金针菇菇脚（FVS 和 FVSE）的添加使七彩鲑幼鱼肠道核心菌群的组成发生变化，FVS 组和 FVSE 组的核心菌群有着较高的相似性。

七彩鲑幼鱼肠道微生物群的网络分析揭示了其微生物群的显著相互作用关系（图 5-32、图 5-33）。图中节点的大小与属丰度成正比，节点颜色对应于分类学分类，边缘颜色表示正（红色）和负（绿色）相关性，并且边缘粗细表示相关性大小。网络仅表示相关系数高于 0.5 的分类水平总丰度前 50 的物种。所有网络都以图形的形式显示为节点（门或属）和边缘（节点间的重要交互）。图 5-32 显示共有 17 个节点和 69 个边，其中 11 个节点（门）的相关性较高，10 个节点（门）呈现显著正相关，而丰度较大的变形菌门（Proteobacteria）与 9 个门均呈显著负相关；丰度相对较小的 CPR2 和伯克氏菌门念珠菌属（Candidatus Berkelbacteria）之间呈现显著正相关，与其他门不存在相关性；热袍菌门（Thermotogae）、Parcubacteria、互养菌门（Synergistetes）三者彼此显著正相关，螺旋菌门（Spirochaetae）仅与互养菌门（Synergistetes）呈显著正相关。

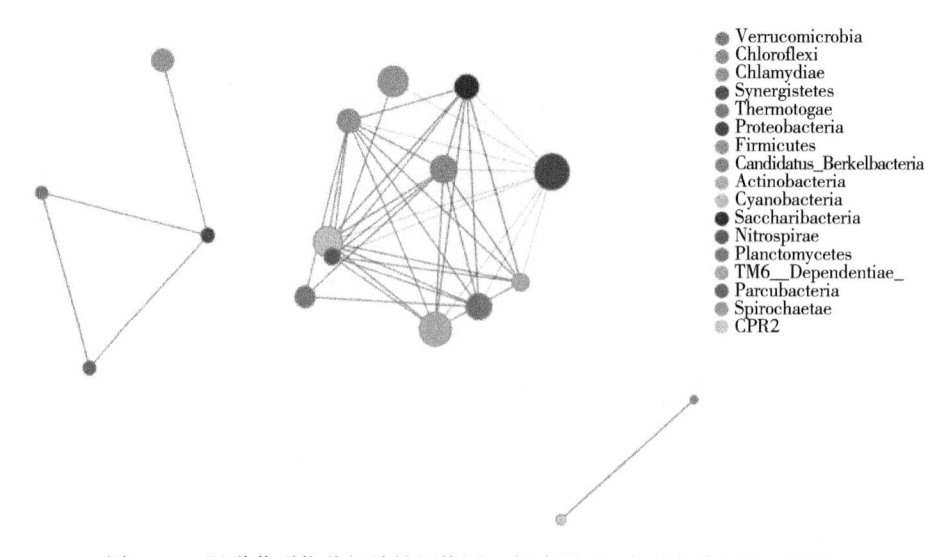

图 5-32　肠道菌群物种相关性网络图（门水平）（彩图查看本书二维码）

属水平的物种相关性网络图（图 5-33）显示共有 47 个节点，除梭杆菌属（*Fusobacterium*）、拟杆菌属（*Bacteroides*）、气单胞菌属（*Aeromonas*）、肠球菌属（*Enterococcus*）、红球菌属（*Rhodococcus*）、不动杆菌属（*Acinetobacter*）、假单胞菌属（*Pseudomonas*）这几个节点相关性较小外，其他节点间均显示了高水平的相关性。

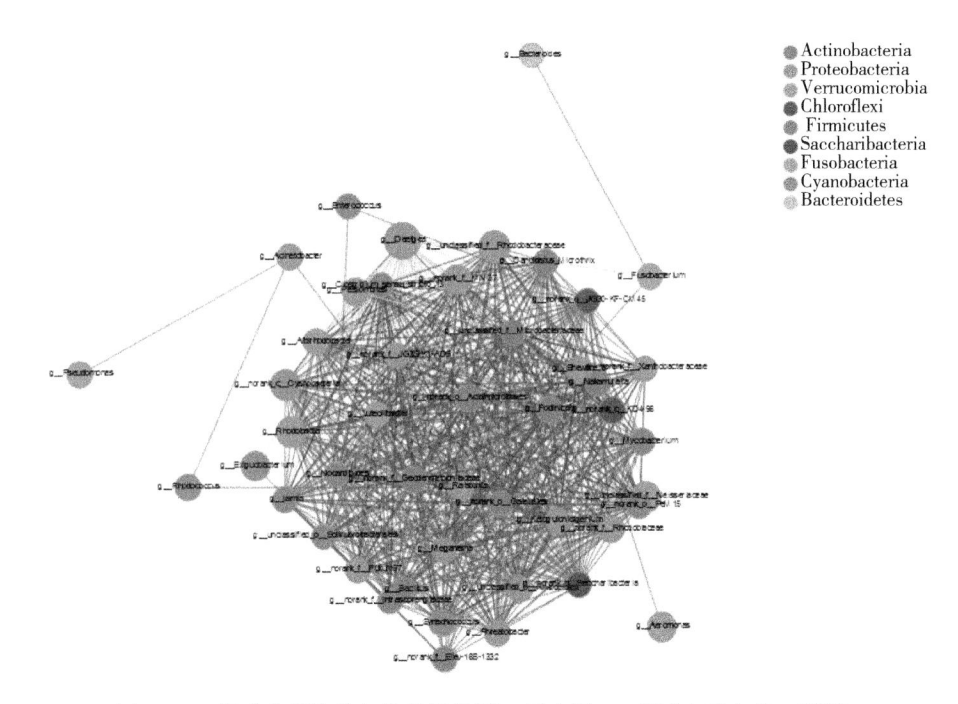

图 5-33　肠道菌群物种相关性网络图（属水平）（彩图查看本书二维码）

5.2.2.5　肠道菌群的进化分析

在属水平上，对总丰度前 50 的物种做系统进化分析，如图 5-34 所示。CK 组丰度较高的 *Deefgea*、奈瑟球菌科某属（unclassified Neisseriaceae）差异程度较小，属于 β 变形菌纲（Betaproteobacteria）；希瓦氏菌属（*Shewanella*）、气单胞菌属（*Aeromonas*）、拟单胞菌属（*Plesiomonas*）进化距离较小，属于 γ-变形杆菌纲（Gammaproteobacteria）。金针菇菇脚（FVS 和 FVSE）的添加组中独有的属几乎都存在于变形菌纲（Alphaproteobacteria）、黄杆菌纲（Flavobacteriia）中。

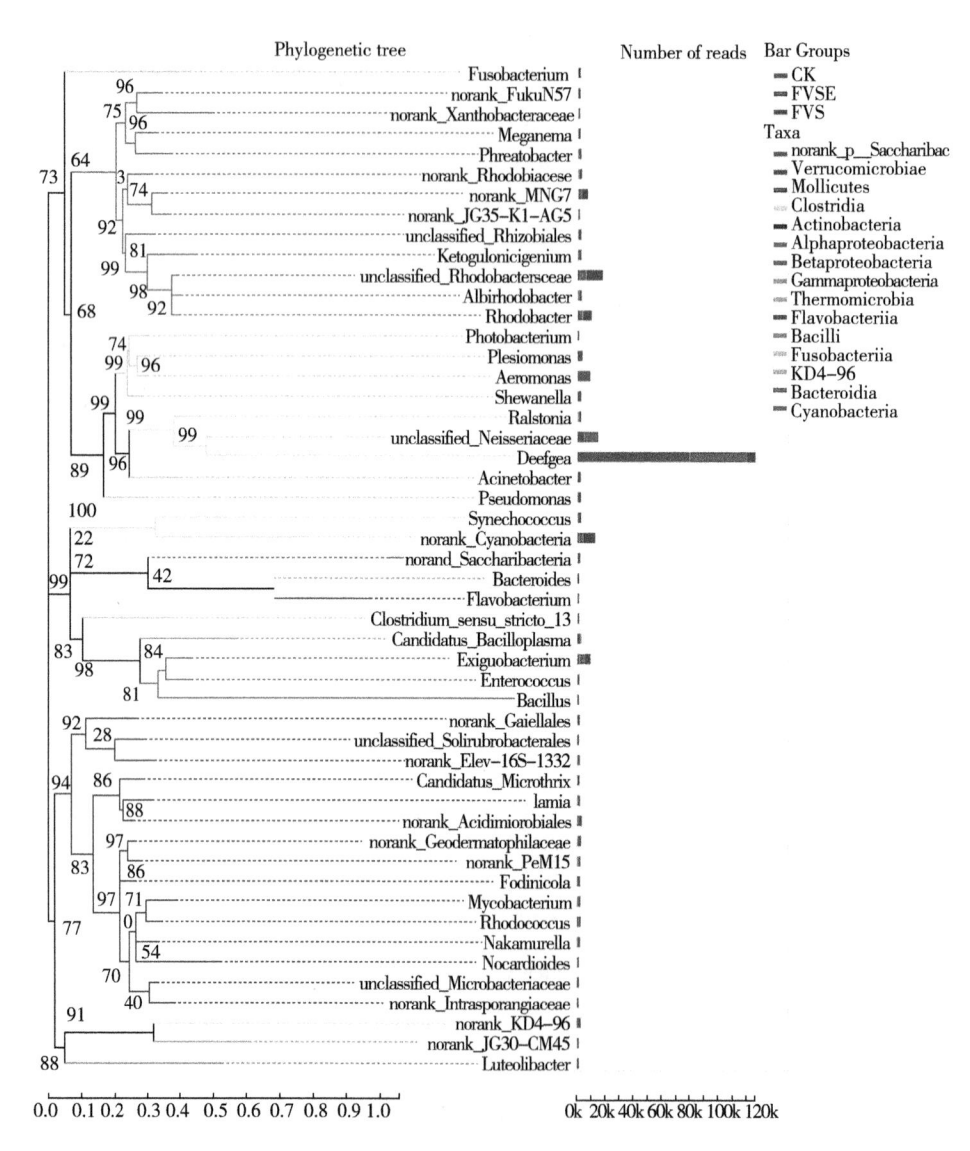

图 5-34　肠道菌群系统进化树（属水平）（彩图查看本书二维码）

5.2.2.6　16S 功能预测分析

通过 16S 功能预测，对 CK 和 FVS 组、CK 和 FVSE 组进行功能基因的代谢通路差异分析（图 5-35、图 5-36），由图可知，与 CK 组相比，FVS 组在多条代谢通路上都存在显著差异，而 FVSE 组只有一条代谢通路存在显著差

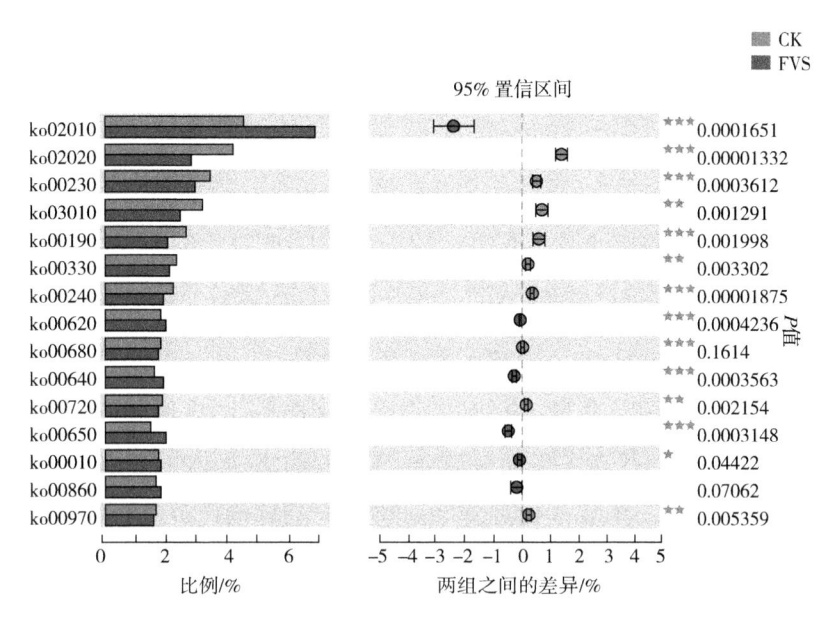

图 5-35 功能基因的 KEGG 代谢通路差异分析（FVS VS CK）

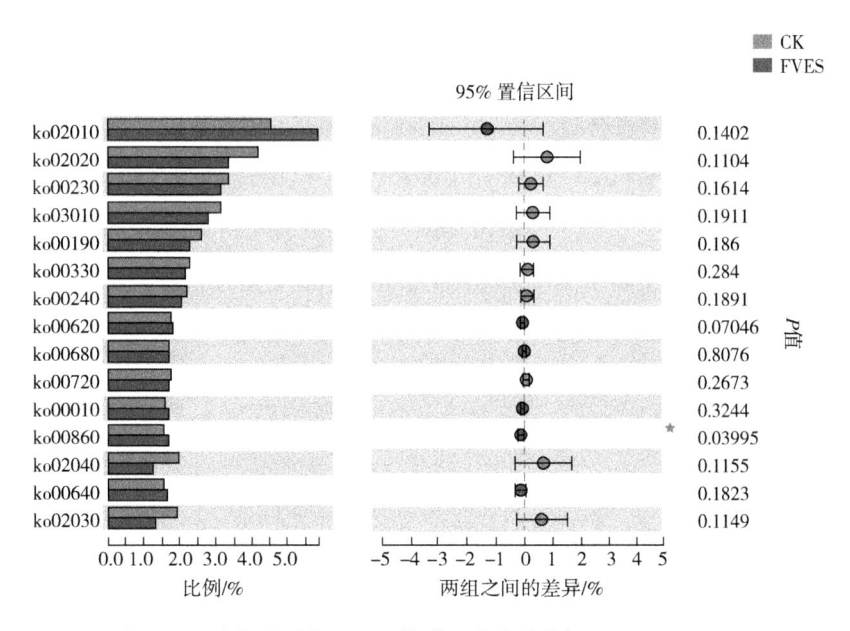

图 5-36 功能基因的 KEGG 代谢通路差异分析（FVSE VS CK）

异。FVS 的添加使 ABC 转运（ABC transporters/ko02010）、丙酮酸盐代谢（pyruvate metabolism/ko00620）、丙酸代谢（propanoate metabolism/ko00640）、丁酸代谢（butanoate metabolism/ko00650）、糖酵解/糖异生（glycolysis/gluconeogenesis/ko00010）各通路的代谢水平显著增强。双组分系统（two-component system/ko02020）、嘌呤代谢（purine metabolism/ko00230）、核糖体（Ribosome/ko03010）、氧化磷酸化（oxidative phosphorylation/ko00190）、精氨酸和脯氨酸代谢（arginine and proline metabolism/ko00330）、嘧啶代谢（pyrimidine metabolism/ko00240）、原核生物碳固定途径（carbon fixation pathways in prokaryotes/ko00720）、氨酰-tRNA 生物合成（aminoacyl-tRNA biosynthesis/ko00970）各通路的代谢水平显著减弱。FVSE 的添加使卟啉与叶绿素代谢（porphyrin and chlorophyll metabolism/ko00860）通路的代谢水平显著增强。

通过 16S 功能预测，对 CK 和 FVS 组、CK 和 FVSE 组进行酶差异分析（图 5-37、图 5-38），由图可知，与 CK 组相比，FVS 组在多种酶上都存在显著差异，而 FVSE 组均没有显著差异。FVS 的添加使烯酰-CoA 水合酶［enoyl-CoA hydratase（4.2.1.17）］、乙酰-CoA-C-乙酰转移酶［acetyl-CoA C-acetyltransferase（2.3.1.9）］、醛脱氢酶［aldehyde dehydrogenase（NAD+）（1.2.1.3）］、谷氨酰胺合成酶［glutamine synthetase（6.3.1.2）］、β-酮脂酰 ACP 还原酶［beta-ketoacyl ACP reductase（1.1.1.100）］、S-羟甲基谷胱甘肽脱氢酶/乙醇脱氢酶［S-(hydroxymethyl) glutathione dehydrogenase/alcohol dehydrogenase（1.1.1.284 1.1.1.1）］的表达水平显著增加。易错 DNA 聚合酶［error-prone DNA polymerase（2.7.7.7）］、拟南芥组氨酸激酶 2/3/4（细胞分裂素受体）［arabidopsis histidine kinase 2/3/4（cytokinin receptor）（2.7.13.3）］、依赖 ATP 的 RNA 解旋酶 DHX58［ATP-dependent RNA helicase DHX58（3.6.3.14）］、DNA 指导的 RNA 聚合酶 B 亚族［DNA-directed RNA polymerase subunit B（2.7.7.6）］、NADH 脱氢酶 I B/C/D 亚族［NADH dehydrogenase I subunit B/C/D（1.6.5.3）］、7SK snRNA 甲基磷酸酯加帽酶［7SK snRNA methylphosphate capping enzyme（2.1.1.-）］、组氨醇磷酸氨基转移酶［histidinol-phosphate aminotransferase（2.6.1.9）］的表达水平显著下降。

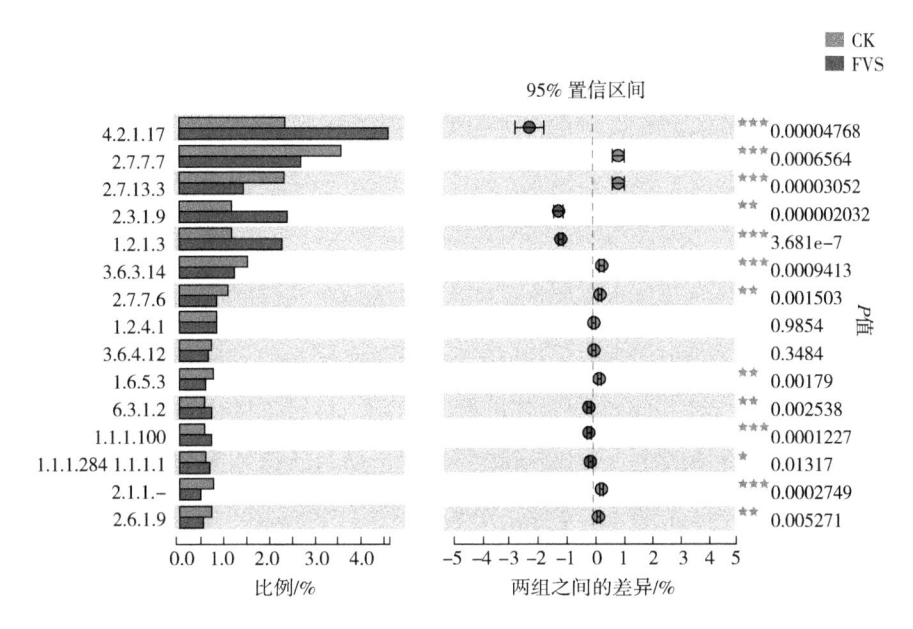

图 5-37　酶差异分析（FVS VS CK）

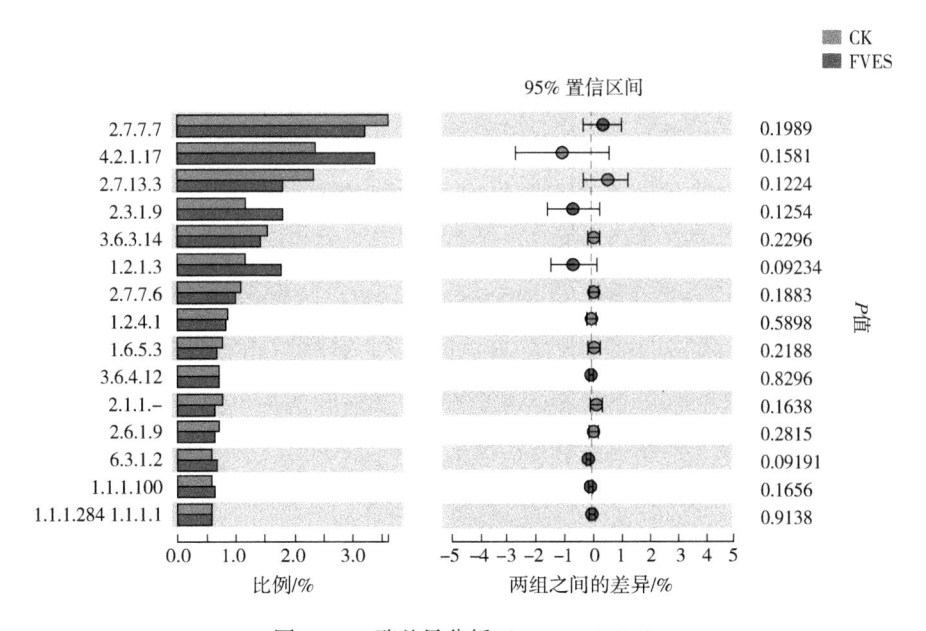

图 5-38　酶差异分析（FVSE VS CK）

5.3 讨论

5.3.1 七彩鲑幼鱼肠道菌群组成情况

肠道是机体营养物质消化和吸收的主要器官，大量的微生物定植于此，是机体免疫系统的重要组成部分，肠道功能与机体健康程度密切相关，而肠道菌群的组成情况直接影响着机体的肠道功能。鱼肠道微生物群在调节营养消化、免疫应答和抗病性方面具有重要作用，幼鱼肠道微生物定植过程非常复杂，与鱼的种类、营养素/食物、环境等条件有关。对陆地哺乳动物肠道菌群的研究发现，其肠道菌群的组成主要包括变形菌门（Proteobacteria）、厚壁菌门（Firmicutes）和拟杆菌门（Bacteroidetes）。对于水生生物肠道菌群的研究发现，草鱼肠道的核心菌群主要包括变形杆菌、厚壁菌和放线菌；银鲫肠道微生物群以变形杆菌为主，其次是厚壁菌，厚壁菌中主要包含（含量递减）维罗纳菌属（*Veilonella*）、毛螺旋菌科（Lachnospiraceae）、乳杆菌目（Lactobacillales）、链球菌属（*Streptococcus*），而最常见的益生菌如乳杆菌属（*Lactobacillus*）、芽孢杆菌属（*Bacillus*）、气单胞菌属（*Aeromonas*）和不动杆菌属（*Acinetobacter*）含量并不丰富；大西洋鲑鱼健康鱼肠道菌群包括变形杆菌（44.33%）、放线杆菌（17.89%）、拟杆菌（15.25%）和厚壁菌（9.11%）；七彩鲑幼苗肠道中微球菌科（Micrococcaceae）、草酸杆菌科（Oxalobacteraceae）、鞘氨醇单胞菌属（*genera Sphingomonas*）、链霉菌属（*Streptomyces*）、足杆菌属（*Pedobacter*）、詹森菌属（*Janthinobacterium*）、伯克氏菌属（*Burkholderia*）和巴奈菌属（*Balneimonas*）是最丰富的。本研究发现七彩鲑幼鱼的核心菌群主要包括变形菌门（Proteobacteria）、放线菌门（Actinobacteria）和厚壁菌门（Firmicutes），其中变形菌门（Proteobacteria）含量最高，这与黄颡鱼、草鱼等肠道菌群组成情况的研究结果一致。三组样本中存在大量相同种类的微生物，共有623种OTUs共同存在，占各组样本OTUs总数的60%以上，说明七彩鲑幼鱼肠道定植的菌群存在一定的稳态。总体来讲，七彩鲑幼鱼肠道

中 *Deefgea* 的含量最丰富，Büyükdeveci 等在对虹鳟肠道菌群的研究中也得到了一致的结果；还含有气单胞菌（*Aeromonas*）、邻单胞菌（*Plesiomonas*）、假单胞菌（*Pseudomonas*）、不动杆菌（*Acinetobacter*）和拟杆菌（*Bacteroides*），与 Nayak 报道的鱼类肠道研究的结果相同。

5.3.2 金针菇菇脚对七彩鲑幼鱼肠道菌群的组成的影响

影响动物肠道菌群组成的因素有环境、饲粮组成等，而饲粮组成对其影响较大。饲粮中的高纤维及可发酵成分可调节肠道菌群的组成和增强免疫机能。位于肠道内的微生物群在宿主的健康、营养、代谢和免疫稳态中起着至关重要的作用。作为共生细菌，这些微生物主要依赖不消化的纤维和多糖作为能源，到达肠道远端的多糖通过肠道微生物群发酵，从而对肠道生态产生根本性影响。金针菇菇脚中含有多糖和粗纤维等重要成分，本课题组所用金针菇菇脚中多糖的含量为 1.5%，粗纤维的含量为 53.7%。很多研究发现，多糖可以通过改变机体肠道菌群的组成而影响肠道功能，有助于肠道内益生菌的增殖，提高肠道微生物的多样性。Zhang 等研究发现，两种海藻（*Porphyra haitanensis* 和 *Ulva prolifera*）多糖可改变小鼠肠道菌群的组成情况，使拟杆菌门（Bacteroidetes）和厚壁菌门（Firmicutes）细菌含量增加，认为多糖类型和糖苷可能有助于塑造小鼠肠道微生物群。Tao 等发现，菊花多糖可通过促进有益的肠道菌群生长，调节小鼠肠道微生态平衡，恢复免疫系统，可以改善溃疡性结肠炎。

从本试验的 Venn 图、chao 指数、shannon 指数和 simpson 指数结果中发现，金针菇菇脚（FVS 和 FVSE）的添加可提高七彩鲑幼鱼肠道菌群的多样性和丰度，FVS 组可使菌群的多样性和丰度均显著提高，而 FVSE 组丰度显著提高。说明金针菇菇脚的添加可增加肠道微生物的种类和数量，金针菇菇脚粉在提高菌群种类和数量上的效果要优于金针菇菇脚提取液。同样，从聚类、PCoA 等样本比较分析的结果也可以看出，金针菇菇脚添加组（FVS 和 FVSE）七彩鲑肠道菌群组成相似性较大，而与对照组（CK）相似性相对较小，说明添加金针菇菇脚后七彩鲑肠道菌群发生了较大变化。

本研究发现，在门水平上，与 CK 组相比，FVS 组变形菌门（Proteobacteria）显著减少、放线菌门（Actinobacteria）、蓝藻门（Cyanobacteria）、绿弯菌门（Chloroflexi）、疣微菌门（Verrucomicrobia）、Saccharibacteria、衣原体门（Chlamydiae）显著增加；FVSE 组只有衣原体门（Chlamydiae）显著增加。金针菇菇脚（FVS 和 FVSE）添加组厚壁菌门（Firmicutes）含量也均有所增加，厚壁菌门的细菌种类能够帮助宿主更有效地吸收食物中的热量，提高生长性能；变形菌门（Proteobacteria）中包含很多致病菌，变形菌门细菌的显著减少，可能意味着肠道免疫能力增强，阻碍了致病菌在肠道中的定植。放线菌门（Actinobacteria）可以产生抗生素、酶和抑菌活性物质而改善肠道功能。宏基因组研究发现肠道菌群呈现碳水化合物活性酶的多样性，因此肠道菌群在代谢未消化多糖中起到关键作用。有研究预测疣微菌门（Verrucomicrobia）的细菌都具备多糖降解的能力，它们的糖苷水解酶基因尤为丰富。Saccharibacteria 是一个系统发育多样的门类，并在好氧、硝酸还原和厌氧条件下对各种有机化合物和糖化合物的降解起作用。

在属的水平上，FVS 组 *Deefgea*、气单胞菌属（*Aeromonas*）、奈瑟球菌科某属（unclasified f Neisseriaceae）、邻单胞菌属（*Plesiomonas*）和希瓦氏菌属（*Shewanella*）显著减少，红藻科某属（unclassified f Rhodobacteraceae）、红杆菌属（*Rhodobacter*）、MNG7 科某属（norank f MNG7）、酸浆菌目某属（norank o Acidimicrobiales）、地嗜皮菌科某属（norank f Geodermatophilaceae）和红景天科某属（norank f Rhodobiaceae）显著增加。FVSE 组气单胞杆菌属（*Aeromonas*）和希瓦氏菌属（*Shewanella*）显著减少，红藻科某属（unclassified f Rhodobacteraceae）、红杆菌属（*Rhodobacter*）和 MNG7 科某属（norank f MNG7）显著增加。*Deefgea* 是在 2007 年被确定为变形菌门、β 变形菌纲的一个新的属，不能降解甲壳素、纤维素、酪蛋白、淀粉或木聚糖等物质。气单胞菌属（*Aeromonas*）是多种动物包括人类的重要病原菌，可使大西洋鲑的肝脏、肾脏和肠道等发生病理性损伤。邻单胞菌属（*Plesiomonas*）和希瓦氏菌属（*Shewanella*）中的较多细菌属于致病菌。金针菇菇脚（FVS 和 FVSE）的添加使七彩鲑幼鱼肠道菌群中致病菌含量减少，说明其有益于肠道健康，可提高肠道免疫机能，具体的机制还需进一步研究。金针菇菇脚添加后七彩鲑幼鱼肠道中细菌含量增加的各属多为未注释到的，其功能是否与金针菇菇脚中的多糖、纤维素等成分有关，还需进一步研究。本研究发现，微小杆菌属（*Exiguobacterium*）的细菌在金针菇菇脚添加组中的丰度较高。已有研究发现一些微小杆菌属（*Exiguobacterium*）的细菌在脂滴形成中起重要作用。脂滴在细胞的脂质合成和分解代谢等能量代谢功能方面有重要作用，而其在鱼类肠道生态系统中的功能需要进一步研究。

综上，金针菇菇脚（FVS 和 FVSE）的添加可增加七彩鲑肠道菌群的种类和数量，使有害菌减少，糖类降解相关细菌含量增加，通过改变肠道菌群的结构增加肠道免疫能力。可能是由于 FVS 组添加的金针菇菇脚粉的成分中含有多糖、纤维素、微量元素等多种成分，其对肠道菌群的影响效果优于金针菇提取液（FVSE）添加组。

5.3.3 金针菇菇脚对七彩鲑幼鱼肠道代谢及酶可能产生的影响

胃肠道微生物群在宿主的营养中起着至关重要的作用，它们参与了营养代谢。肠道微生物具有合成维生素、必需生长因子和消化酶的能力。据报道，水生生物的肠道微生物群通过产生维生素、氨基酸、消化酶和代谢物，有助于宿主的营养和生理过程。目前的研究发现，厌氧菌可能在营养物质的消化和吸收中起作用，厌氧菌通过向鱼类提供挥发性脂肪酸有助于鱼类吸收营养；而好氧、厌氧和兼性好氧细菌可能在维生素和氨基酸合成中起重要作用。

通过 16S rDNA 序列注释信息映射 KEGG 基因组数据，可以获得已测序细菌基因组编码的酶以及代谢通路信息。发现金针菇菇脚粉（FVS）的添加使 ABC 转运、丙酮酸盐代谢、丙酸代谢、丁酸代谢、糖酵解/糖异生各通路的代谢水平显著增强。ABC 转运器是细菌质膜上的一类运输 ATP 酶，其家族成员可转运离子、氨基酸、核苷酸、多糖、多肽，甚至蛋白质。肠道中 ABC 转运水平的增强，可能与多糖的添加有关，ABC 转运通路中聚糖、单糖及氨基酸的转运能力均提高，说明金针菇菇脚中多糖等组分可能需要利用 ABC 转运器将其转运至细胞中进行代谢。丙酮酸盐代谢、丙酸代谢、丁酸代谢均是碳水化合物消化吸收代谢的组成部分，不能被吸收的碳水化合物在肠道微生物的作用下通过丙酮酸盐代谢、丙酸代谢和丁酸代谢等代谢途径发酵产生短链脂肪酸，而被肠道上皮细胞吸收。葡萄糖等单糖类可通过糖酵解/糖异生途径代谢。已有研究发现，金针菇菇脚的添加可改善肠道微生物菌群的结构，显著提高肉仔鸡盲肠中乙酸、丙酸、丁酸等短链脂肪酸的含量，而将金针菇菇脚添加至七彩鲑幼鱼饲料中，以上代谢水平的显著增强是否会导致肠道中短链脂肪酸含量的显著增加还需进一步试验验证。金针菇菇脚粉（FVS）的添加使双组分系统、嘌呤代谢、核糖体、氧化磷酸化、精氨酸和脯氨酸代谢、嘧啶代谢、原核生物碳固定途径、氨酰-tRNA 生物合成各通路的代谢水平显著减弱，说明其对七彩鲑幼鱼肠道微生物的核酸代谢、蛋白质的合成代谢等代谢途径也可产生一定影响，具体的机制还需进一步研究。

根据 KEGG 基因组映射数据，金针菇菇脚粉（FVS）的添加使烯酰-CoA 水合酶、乙酰-CoA-C-乙酰转移酶、醛脱氢酶、谷氨酰胺合成酶、β-酮脂酰 ACP 还原酶、S-羟甲基谷胱甘肽脱氢酶/乙醇脱氢酶显著增加，这些酶是代谢水平上调的糖代谢通路中的有关酶，可以推测金针菇菇脚粉的添加使七彩鲑幼鱼肠道中能够产生这些酶的微生物增多，通过微生物产酶来促进金针菇菇脚中多糖等成分的代谢。而易错 DNA 聚合酶、拟南芥组氨酸激酶 2/3/4（细胞分裂素受体）、依赖 ATP 的 RNA 解旋酶 DHX58、DNA 指导的 RNA 聚合酶 B 亚族、NADH 脱氢酶 I B/C/D 亚族、7SK snRNA 甲基磷酸酯加帽酶、组氨醇磷酸氨基转移酶的减少，使核酸和蛋白质代谢强度减弱。

5.3.4 金针菇菇脚影响七彩鲑幼鱼肠道菌群可能的原因

饲料和饲喂条件能够在很大程度上影响鱼类肠道菌群的组成，在幼鱼期肠道微生物的数量随着饲料发生迅速的变化。有研究发现，应用鱼粉饲喂鳕鱼时，消化道中环丝菌属和肉杆菌属等革兰氏阳性细菌占主导地位；当分别饲喂生物加工豆粕和标准大豆时，嗜冷菌属的嗜冷杆菌、金黄杆菌属和肉杆菌属则占主导地位。本研究发现，金针菇菇脚（FVS 和 FVSE）尤其是金针菇菇脚粉（FVS）的添加可影响七彩鲑幼鱼肠道菌群的组成情况，可能是金针菇菇脚中的多糖、纤维素等成分，使肠道中能够降解糖类的微生物种类和数目增多，这些细菌的糖代谢相关酶含量丰富且活性强，通过糖代谢各通路代谢水平的增强来促进糖的分解，产生乙酸、丙酸、丁酸等短链脂肪酸，调节肠道的 pH，促进有益菌的生长，抑制有害菌生长，调节肠道免疫能力。肠道菌群的变化及肠道免疫能力的提高是促进动物生长的重要因素，与第二章中金针菇菇脚可提高七彩鲑幼鱼的生长性能的结论完全一致。

5.4 小结

本试验发现七彩鲑幼鱼的核心菌群主要包括变形菌门（Proteobacteria）、放线菌门（Actinobacteria）和厚壁菌门（Firmicutes），其中变形菌门（Proteobacteria）含量最高。金针菇菇脚的添加可影响七彩鲑幼鱼肠道菌群的组成情况，增加七彩鲑肠道菌群的种类和数量，使有害菌减少，糖类降解相关细菌含量增加，通过改变肠道菌群的结构增加肠道免疫能力。金针菇菇脚粉在提高肠道菌群多样性等方面的效果要优于金针菇菇脚提取液，因此，金针菇菇脚粉更适于作为七彩鲑绿色饲料添加剂。

第 6 章　结论和创新点

6.1　结论

（1）分级的乙醇浓度对金针菇菇脚多糖的抗氧化活性产生影响，乙醇浓度低，抗氧化活性弱，随着乙醇浓度的升高，抗氧化活性逐渐增强；纯化程度也可影响金针菇菇脚多糖的抗氧化活性，纯化程度低，抗氧化活性强。

（2）金针菇菇脚的添加可显著提高七彩鲑幼鱼的抗氧化能力和生长性能，不影响七彩鲑幼鱼营养成分。

（3）金针菇菇脚的添加可显著提高七彩鲑幼鱼的非特异性免疫能力，使热休克蛋白 HSP70 和 HSP90 基因 mRNA 表达下调，提高了其对不良环境的耐受能力。

（4）2%金针菇菇脚粉的添加对七彩鲑幼鱼血清指标未产生显著影响，而 2%金针菇菇脚提取液的添加对其产生显著影响。

（5）金针菇菇脚的添加可影响七彩鲑幼鱼肠道菌群的组成情况，增加七彩鲑肠道菌群的种类和数量，使有害菌减少，糖类降解相关细菌含量增加，通过改变肠道菌群的结构增加肠道免疫能力。

6.2　创新点

（1）本试验所用材料为农业剩余物——金针菇菇脚，已有的相关研究较少，目前没有被有效利用，若将其合理高效利用将会降低生产成本，并解决环境污染问题。

（2）本研究分析了金针菇菇脚多糖的体内外抗氧化性质，研究了其对七彩鲑幼鱼生长、免疫及肠道菌群的影响，对于菌糠添加剂在鱼类饲料中的应用具有一定指导意义。

尽管本论文的研究已经初步证实金针菇菇脚多糖具有抗氧化作用，分级时乙醇浓度和纯化程度影响其抗氧化活性，但对于金针菇菇脚多糖的结构和构效关系研究不够。对金针菇菇脚多糖进一步分离纯化后进行结构研究，对于阐明金针菇菇脚及其多糖的抗氧化活性及相关功能的深入研究具有重要意义。金针菇菇脚粉和金针菇菇脚提取液可促进七彩鲑幼鱼的生长、提高免疫机能，改善肠道菌群组成，金针菇菇脚粉的作用优于金针菇菇脚提取液，但具体机制尚不明确，因此，金针菇菇脚作为饲料添加剂在七彩鲑饲养中的应用还需要开展大量的研究工作。

参考文献

[1] BAO H N D, OCHIAI Y, OHSHIMA T. Antioxidative activities of hydrophilic extracts prepared from the fruiting body and spent culture medium of *Flammulina velutipes* [J]. Bioresource Technology, 2010, 101 (15): 6248-6255.

[2] YANG W J, PEI F, SHI Y, et al. Purification, characterization and anti-proliferation activity of polysaccharides from *Flammulina velutipes* [J]. Carbohydrate Polymers, 2012, 88 (2): 474-480.

[3] 张彤瑶, 高雅松, 张爱龙, 等. 金针菇菇脚对肉鸡T、B淋巴细胞免疫功能的影响 [J]. 中国农业大学学报, 2016, 21 (4): 86-94.

[4] 曾巧莉, 宋慧, 郭慧慧, 等. 金针菇菇脚对肉鸡盲肠菌群及短链脂肪酸的影响 [J]. 中国农业大学学报, 2016, 21 (5): 104-114.

[5] 梁凤, 宋慧, 周家生, 等. 金针菇菇脚对肉鸡血清生化指标和脂肪沉积的影响 [J]. 食品科学, 2016, 37 (11): 226-230.

[6] 郭天力, 严晓娟, 胡先望, 等. 真菌多糖研究进展 [J]. 现代生物医学进展, 2013, 13 (18): 3578-3583.

[7] CHIHARA G, MAEDA Y, HAMURO J, et al. Inhibition of mouse sarcoma 180 by polysaccharides From *Lentinus edodes* (berk.) sing [J]. Nature, 1969, 222: 687-688.

[8] CHIHARA G, HAMURO J, MAEDA Y, et al. Antitumour Polysaccharide derived Chemically from Natural Glucan (Pachyman) [J]. Nature, 1970, 225: 943-944.

[9] WANG J T, XU X J, ZHENG H, et al. Structural characterization, chain conformation, and morphology of a β- (1→3) -D-glucan isolated from the fruiting body of *Dictyophora indusiata* [J]. Journal of Agricultural and Food Chemistry, 2009, 57 (13): 5918-5924.

[10] LIU M M, ZENG P, LI X T, et al. Antitumor and immunomodulation activities of polysaccharide from *Phellinus baumii* [J]. International Journal of Biological Macromolecules, 2016, 91: 1199-1205.

[11] 陶文沂, 敖宗华, 许泓瑜, 等. 药食用真菌生物技术 [M]. 北京: 化学工业出版社, 2007.

[12] 张静佳, 濮玲, 李海朝, 等. RSM 优化香菇中多糖热水浸提工艺 [J]. 山西大同大学学报 (自然科学版), 2016, 32 (3): 40-43.

[13] 和法涛, 刘光鹏, 朱风涛, 等. 响应面法优化热水法浸提猴头菇多糖工艺提高多糖得率 [J]. 食品科技, 2015, 40 (1): 210-215.

[14] CHEN Y, DU X J, ZHANG Y, et al. Ultrasound extraction optimization, structural features, and antioxidant activity of polysaccharides from *Tricholoma matsutake* [J]. Journal of Zhejiang University: Science B, 2017, 18 (8): 674-684.

[15] 王宏雨, 张迪, 林衍铨, 等. 姬松茸多糖超声波循环提取工艺研究 [J]. 中国食用菌, 2017, 36 (4): 45-47.

[16] 陈湘, 冯巧, 胡继勇. 微波提取黄蘑多糖的工艺研究 [J]. 应用化工, 2016, 45 (1): 85-88.

[17] 满宁, 孙盼, 韩伟. 灰树花子实体多糖的微波提取及絮凝纯化工艺 [J]. 南京工业大学学报 (自然科学版), 2015, 37 (6): 99-104.

[18] 扎罗, 刘振东, 王波, 等. 复合酶法提取西藏金耳粗多糖工艺研究 [J]. 轻工科技, 2018, 34 (1): 23-25.

[19] 彭云飞. 银耳多糖酶法提取及生物活性研究 [D]. 福州: 福建农林大学, 2017.

[20] 梅光明, 郝强, 张小军, 等. 酸提香菇多糖的分离纯化及结构鉴定 [J]. 现代食品科技, 2014, 30 (9): 79-84.

[21] 郝强. 酸提香菇多糖的提取分离、结构鉴定及抗氧化活性研究 [D]. 武汉: 华中农业大学, 2008.

[22] MUNEER GUL. 杏鲍菇、平菇及白玉菇碱提多糖的分离纯化及结构分析 [D]. 长春: 东北师范大学, 2016.

[23] 孙艳萍. 白灵菇碱提多糖的纯化及其抗癌活性的研究 [D]. 天津：天津科技大学, 2015.

[24] 杨毅, 官俏兵, 张晓玲, 等. 乙醇分级沉淀的樟芝多糖对于小鼠急性肝损伤的保护作用 [J]. 中国现代应用药学, 2017, 34 (11)：1530-1534.

[25] 王颖, 包永睿, 孟宪生, 等. 云芝多糖对小鼠脾细胞的免疫增强作用研究 [J]. 中南药学, 2017, 15 (3)：284-287.

[26] 王博, 斯聪聪, 程国才. 响应面优化超滤膜分离灵芝多糖工艺 [J]. 食品工业, 2015, 36 (12)：1-4.

[27] 朱忠敏, 周岩飞, 李晔, 等. 脱脂灵芝孢子粉多糖的提取及膜分离工艺研究 [J]. 食用菌学报, 2015, 22 (1)：51-54.

[28] YOU Q H, YIN X L, ZHANG S N, et al. Extraction, purification, and antioxidant activities of polysaccharides from *Tricholoma mongolicum Imai* [J]. Carbohydrate Polymers, 2014, 99：1-10.

[29] ZHAO L Y, DONG Y H, CHEN G T, et al. Extraction, purification, characterization and antitumor activity of polysaccharides from *Ganoderma lucidum* [J]. Carbohydrate Polymers, 2010, 80 (3)：783-789.

[30] 林琳. 金针菇、杏鲍菇菌糠多糖抗氧化和抗糖尿病肾病作用研究 [D]. 泰安：山东农业大学, 2017.

[31] 杨佳琦, 江洁, 冀春阳, 等. 复合酶法提取云芝多糖及其抗氧化活性 [J]. 食品工业科技, 2017, 38 (23)：176-181.

[32] 葛唯佳, 赵岩, 图力古尔, 等. 杂色云芝酸溶性多糖对 H_{22} 荷瘤小鼠的抗肿瘤作用 [J]. 西北农林科技大学学报（自然科学版）, 2018, 46 (1)：8-14.

[33] 王红. 榆耳子实体多糖的提取与纯化及抗肿瘤活性研究 [D]. 长春：吉林农业大学, 2017.

[34] 朱晗, 何欣, 李长田. 灰树花菌丝体胞内多糖对于小鼠的免疫调节作用 [J]. 中国农业大学学报, 2017, 22 (3)：109-115.

[35] 李健. 松茸多糖（TMP-A）体外免疫调节活性研究 [D]. 南充：西华师范大学, 2016.

[36] 陈春娟,朱振元,陈璐. 低分子量蛹虫草多糖降血糖活性的研究 [J]. 现代食品科技, 2017, 33 (4): 25-30.

[37] 孟繁龙. 桦褐孔菌发酵工艺优化及胞内多糖降血糖活性研究 [D]. 长春: 吉林大学, 2016.

[38] ZHANG S, JIA B, WANG X, et al. Review on lipid-lowing effects by polysaccharide [J]. Open Journal of Nature Science, 2016, 4 (1): 48-55.

[39] 于美汇,赵鑫,尹红力,等. 碱提醇沉黑木耳多糖体外和体内降血脂功能 [J]. 食品科学, 2017, 38 (1): 232-237.

[40] 尚红梅. 小刺猴头菌发酵浸膏多糖的分析及降脂活性研究 [D]. 长春: 吉林农业大学, 2015.

[41] 刘玮,杨继国,任杰,等. 姬松茸多糖 ABD 的结构表征及抗炎活性研究 [J]. 现代食品科技, 2017, 33 (5): 27-32, 26.

[42] 陈玉胜,陈全战. 灵芝多糖对 CCl_4 诱导的急性肝损伤小鼠的抗炎和保肝活性 [J]. 食品科学, 2017, 38 (17): 210-215.

[43] 丁秋英. 金福菇多糖抗衰老作用研究 [D]. 合肥: 安徽大学, 2016.

[44] 杨辉,王治宝,田嘉铭,等. 不同产地口蘑多糖对亚急性衰老模型小鼠的抗衰老作用 [J]. 河南工业大学学报(自然科学版), 2015, 36 (1): 72-75.

[45] ZHU Z Y, LIU F, GAO H, et al. Synthesis, characterization and antioxidant activity of selenium polysaccharide from *Cordyceps militaris* [J]. International Journal of Biological Macromolecules, 2016, 93 (Pt A): 1090-1099.

[46] LI S Q, SHAH N P. Characterization, antioxidative and bifidogenic effects of polysaccharides from *Pleurotus eryngii* after heat treatments [J]. Food Chemistry, 2016, 197 (Pt A): 240-249.

[47] DENG C, HU Z, FU H T, et al. Chemical analysis and antioxidant activity in vitro of a β-D-glucan isolated from *Dictyophora indusiata* [J]. International Journal of Biological Macromolecules, 2012, 51 (1/2): 70-75.

[48] XU N, REN Z Z, ZHANG J J, et al. Antioxidant and anti-hyperlipidemic effects of mycelia zinc polysaccharides by *Pleurotus eryngii* var. *tuoliensis*

[J]. International Journal of Biological Macromolecules, 2017, 95: 204-214.

[49] 田志杰, 吕世杰, 姜艳霞, 等. 正交法提取木耳多糖及对大鼠血清超氧化物歧化酶和体外肝脏脂质过氧化的影响 [J]. 时珍国医国药, 2009, 20 (11): 2694-2695.

[50] DING Q Y, YANG D, ZHANG W N, et al. Antioxidant and anti-aging activities of the polysaccharide TLH-3 from *Tricholoma lobayense* [J]. International Journal of Biological Macromolecules, 2016, 85: 133-140.

[51] 陈新瑶, 张建龙, 董星, 等. 猴头菇多糖对氧化应激的 IPEC-J2 细胞抗氧化能力及紧密连接蛋白 ZO-1 的影响 [J]. 畜牧兽医学报, 2017, 48 (9): 1769-1776.

[52] 尹学哲, 王玉娇, 尹基峰, 等. 草苁蓉多糖对张氏肝细胞氧化损伤保护作用 [J]. 中国公共卫生, 2017, 33 (6): 972-974.

[53] 彭景华, 李雪梅, 胡义扬, 等. 虫草多糖对二甲基亚硝胺诱导的肝纤维化大鼠脂质过氧化及肝细胞再生的影响 [J]. 中国中药杂志, 2013, 38 (3): 391-396.

[54] 许伟, 潘丽媛, 朱黎霞, 等. 猴头蘑硒多糖的抗脂质过氧化作用 [J]. 航空航天医药, 2010, 21 (5): 658-660.

[55] 张晶. 硫酸酯化黑木耳多糖辐射防护作用的研究 [D]. 哈尔滨: 哈尔滨工业大学, 2017.

[56] 孙亦阳, 杨兆芬, 谢继锋, 等. 采用 SCGE 和 SCE 分析法研究姬松茸菌体多糖 (Ab-Mp) 对 DNA 损伤的抑制作用 [J]. 生物学杂志, 2006, 23 (5): 34-37.

[57] JIAO F P, WANG X X, SONG X L, et al. Processing optimization and anti-oxidative activity of enzymatic extractable polysaccharides from *Pleurotus djamor* [J]. International Journal of Biological Macromolecules, 2017, 98: 469-478.

[58] HUA Y L, YANG B, TANG J, et al. Structural analysis of water-soluble polysaccharides in the fruiting body of *Dictyophora indusiata* and their *in vivo*

antioxidant activities [J]. Carbohydrate Polymers, 2012, 87 (1): 343-347.

[59] 郑夺, 冯文茹, 陈冠, 等. 苦豆子多糖对小鼠体内外免疫功能的调节作用 [J]. 中国现代应用药学, 2018, 35 (1): 94-97.

[60] 张逸, 王旺, 蔡寅, 等. 苦瓜多糖的纯化、结构解析及其免疫调节和抗肿瘤活性研究 [J]. 南京中医药大学学报, 2017, 33 (1): 33-39.

[61] 杨健华. 草菇子实体粗多糖免疫功能调节、抗氧化及抗炎作用研究 [D]. 长春: 吉林农业大学, 2017.

[62] 雷莉辉, 曹授俊, 艾君涛, 等. 香菇多糖对肉仔鸡生产性能及新城疫疫苗免疫效果的影响 [J]. 饲料研究, 2017 (3): 22-25.

[63] 李海霞, 刘坤璐, 李文斐, 等. 茯苓多糖 PCP-Ⅰ和 PCP-Ⅱ作为疫苗佐剂的免疫原性 [J]. 中国药理学与毒理学杂志, 2017, 31 (3): 255-261.

[64] 张亚楠, 黄生波, 李小曼, 等. 玉竹多糖对流感病毒裂解疫苗的黏膜佐剂效应 [J]. 激光生物学报, 2017, 26 (1): 68-72, 90.

[65] 高应瑞, 何玉慧, 樊爱丽, 等. 灰树花胞外多糖发酵液的抗病毒作用研究 [J]. 天津农业科学, 2015, 21 (1): 34-36, 40.

[66] 周孟清, 张慧茹, 贾峰, 等. 黄芪和板蓝根多糖的抗菌抗病毒作用研究 [J]. 饲料工业, 2014, 35 (21): 58-64.

[67] 王莹, 李杨, 缪菊连, 等. 黄芪多糖饲料添加剂的质量标准及免疫调节作用研究 [J]. 黑龙江畜牧兽医, 2016 (5): 153-156, 288.

[68] 杨新宇, 崔嘉, 崔珊, 等. 黄芪多糖对獭兔生产性能及饲料养分消化率的影响 [J]. 中国养兔, 2017 (4): 4-6, 40.

[69] ZAHRAN E, RISHA E, ABDELHAMID F, et al. Effects of dietary *Astragalus* polysaccharides (APS) on growth performance, immunological parameters, digestive enzymes, and intestinal morphology of Nile tilapia (*Oreochromis niloticus*) [J]. Fish & Shellfish Immunology, 2014, 38 (1): 149-157.

[70] ARAMLI M S, KAMANGAR B, NAZARI R M. Effects of dietary β-glucan on the growth and innate immune response of juvenile Persian sturgeon,

Acipenser persicus [J]. Fish & Shellfish Immunology, 2015, 47 (1): 606-610.

[71] RAJENDRAN P, SUBRAMANI P A, MICHAEL D. Polysaccharides from marine macroalga, *Padina gymnospora* improve the nonspecific and specific immune responses of *Cyprinus carpio* and protect it from different pathogens [J]. Fish & Shellfish Immunology, 2016, 58: 220-228.

[72] RODRÍGUEZ F E, VALENZUELA B, FARÍAS A, et al. β-1, 3/1, 6-Glucan-supplemented diets antagonize immune inhibitory effects of hypoxia and enhance the immune response to a model vaccine [J]. Fish & Shellfish Immunology, 2016, 59: 36-45.

[73] 陈凌锋, 蔡旭滨, 檀新珠, 等. 太子参茎叶多糖对断奶仔猪肠道免疫功能、肠黏膜形态结构及盲肠内容物菌群的影响 [J]. 动物营养学报, 2017, 29 (3): 1012-1020.

[74] 贺琴, 王自蕊, 游金明, 等. 酵母壁多糖对断奶仔猪外周血免疫和肠道免疫的影响 [J]. 动物营养学报, 2017, 29 (7): 2502-2511.

[75] 姜帆. 五味子多糖的提取纯化及其对肠道免疫功能的影响 [D]. 哈尔滨: 东北农业大学, 2013.

[76] 石振国, 苏锦, 任永乐, 等. 茯苓多糖对急性胰腺炎大鼠肠道屏障功能损伤和炎性反应的作用 [J]. 海南医学, 2017, 28 (3): 356-359.

[77] 臧凯宏, 吴建军, 秦红岩, 等. 黄芪多糖对溃疡性结肠炎大鼠肠道黏膜屏障的影响 [J]. 中药材, 2017, 40 (1): 208-211.

[78] 方小明, 田文礼, 张晓琳, 等. 荷花粉多糖显著减轻氟尿嘧啶所致小鼠肠道黏膜屏障损伤 [J]. 食品科学, 2016, 37 (15): 209-214.

[79] RINGØ E, ZHOU Z, VECINO J, et al. Effect of dietary components on the gut microbiota of aquatic animals. A never-ending story? [J]. Aquaculture Nutrition, 2016, 22 (2): 219-282.

[80] ADEOYE A A, YOMLA R, JARAMILLO-TORRES A, et al. Combined effects of exogenous enzymes and probiotic on Nile tilapia (*Oreochromis niloticus*) growth, intestinal morphology and microbiome [J]. Aquaculture,

2016, 463: 61-70.

[81] GERAYLOU Z, SOUFFREAU C, RURANGWA E, et al. Effects of Arabinoxylan-oligosaccharides (AXOS) on juvenile Siberian sturgeon (*Acipenser baerii*) performance, immune responses and gastrointestinal microbial community [J]. Fish & Shellfish Immunology, 2012, 33 (4): 718-724.

[82] SHI M, YANG Y N, GUAN D, et al. Bioactivity of the crude polysaccharides from fermented soybean curd residue by *Flammulina velutipes* [J]. Carbohydrate Polymers, 2012, 89 (4): 1268-1276.

[83] LIU Y, ZHANG B, IBRAHIM S A, et al. Purification, characterization and antioxidant activity of polysaccharides from *Flammulina velutipes* residue [J]. Carbohydrate Polymers, 2016, 145: 71-77.

[84] DONG Y R, CHENG S J, QI G H, et al. Antimicrobial and antioxidant activities of *Flammulina velutipes* polysaccharides and polysaccharide-iron (Ⅲ) complex corrected [J]. Carbohydrate Polymers, 2017, 161: 26-32.

[85] ZHAO S W, LI B, CHEN G T, et al. Preparation, characterization, and anti-inflammatory effect of the chelate of *Flammulina velutipes* polysaccharide with Zn [J]. Food and Agricultural Immunology, 2017, 28 (1): 162-177.

[86] YIN H P, WANG Y, WANG Y F, et al. Purification, characterization and immuno-modulating properties of polysaccharides isolated from *Flammulina velutipes* mycelium [J]. The American Journal of Chinese Medicine, 2010, 38 (1): 191-204.

[87] MA Z, CUI F Y, GAO X, et al. Purification, characterization, antioxidant activity and anti-aging of exopolysaccharides by *Flammulina velutipes* SF-06 [J]. Antonie Van Leeuwenhoek, 2015, 107 (1): 73-82.

[88] ZHAO C, ZHAO K, LIU X Y, et al. *In vitro* antioxidant and antitumor activities of polysaccharides extracted from the mycelia of liquid-cultured *Flammulina velutipes* [J]. Food Science and Technology Research, 2013, 19 (4): 661-667.

[89] ZHANG Z F, LV G Y, HE W Q, et al. Effects of extraction methods on the

antioxidant activities of polysaccharides obtained from *Flammulina velutipes* [J]. Carbohydrate Polymers, 2013, 98 (2): 1524-1531.

[90] 陈义勇, 李家祺, 赵圆圆, 等. 不同干燥方法对金针菇多糖抗氧化活性的影响 [J]. 食品工业科技, 2017, 38 (18): 40-44, 49.

[91] LIN L, CUI F Y, ZHANG J J, et al. Antioxidative and renoprotective effects of residue polysaccharides from *Flammulina velutipes* [J]. Carbohydrate Polymers, 2016, 146: 388-395.

[92] CHEN G T, FU Y X, YANG W J, et al. Effects of polysaccharides from the base of *Flammulina Velutipes* stipe on growth of murine $RAW_{264.7}$, B16F10 and L929 cells [J]. International Journal of Biological Macromolecules, 2018, 107 (Pt B): 2150-2156.

[93] ZHAO H, WANG Q H, SUN Y P, et al. Purification, characterization and immunomodulatory effects of *Plantago depressa* polysaccharides [J]. Carbohydrate Polymers, 2014, 112: 63-72.

[94] LIU Y, ZHANG J J, MENG Z L. Purification, characterization and antitumor activities of polysaccharides extracted from wild *Russula griseocarnosa* [J]. International Journal of Biological Macromolecules, 2018, 109: 1054-1060.

[95] DUBOIS M, GILLES K A, HAMILTON J K, et al. Colorimetric method for determination of sugars and related substances [J]. Analytical Chemistry, 1956, 28 (3): 350-356.

[96] WANG Y P, LIU Y, HU Y H. Optimization of polysaccharides extraction from *Trametes robiniophila* and its antioxidant activities [J]. Carbohydrate Polymers, 2014, 111: 324-332.

[97] XIE J H, SHEN M Y, NIE S P, et al. Analysis of monosaccharide composition of *Cyclocarya paliurus* polysaccharide with anion exchange chromatography [J]. Carbohydrate Polymers, 2013, 98 (1): 976-981.

[98] HE J Z, XU YY, CHEN H B, et al. Extraction, structural characterization, and potential antioxidant activity of the polysaccharides from four seaweeds

[J]. International Journal of Molecular Sciences, 2016, 17 (12): 1988.

[99] ZHANG X, LI S S, SUN L, et al. Further analysis of the structure and immunological activity of an RG-I type pectin from *Panax ginseng* [J]. Carbohydrate Polymers, 2012, 89 (2): 519-525.

[100] LUO Q, ZHANG J, YAN L, et al. Composition and antioxidant activity of water-soluble polysaccharides from *Tuber indicum* [J]. Journal of Medicinal Food, 2011, 14 (12): 1609-1616.

[101] CHEN Q Q, CHEN J C, DU H T, et al. Structural characterization and antioxidant activities of polysaccharides extracted from the pulp of *Elaeagnus angustifolia L* [J]. International Journal of Molecular Sciences, 2014, 15 (7): 11446-11455.

[102] LUO A X, FAN Y J. *In vitro* antioxidant of a water-soluble polysaccharide from *Dendrobium fimhriatum Hook. var. oculatum Hook* [J]. International Journal of Molecular Sciences, 2011, 12 (6): 4068-4079.

[103] MU H B, ZHANG A M, ZHANG W X, et al. Antioxidative properties of crude polysaccharides from *Inonotus obliquus* [J]. International Journal of Molecular Sciences, 2012, 13 (7): 9194-9206.

[104] LIU X, SUN Z L, JIA A R, et al. Extraction, preliminary characterization and evaluation of *in vitro* antitumor and antioxidant activities of polysaccharides from *Mentha piperita* [J]. International Journal of Molecular Sciences, 2014, 15 (9): 16302-16319.

[105] XU R B, YANG X, WANG J, et al. Chemical composition and antioxidant activities of three polysaccharide fractions from pine cones [J]. International Journal of Molecular Sciences, 2012, 13 (11): 14262-14277.

[106] LIU C J, LIU Q, SUN J D, et al. Extraction of water-soluble polysaccharide and the antioxidant activity from *Semen cassiae* [J]. Journal of Food and Drug Analysis, 2014, 22 (4): 492-499.

[107] CHEN Q L, LUO Z, PAN Y X, et al. Differential induction of enzymes and genes involved in lipid metabolism in liver and visceral adipose tissue of

juvenile yellow catfish *Pelteobagrus fulvidraco* exposed to copper [J]. Aquatic Toxicology, 2013, 136/137: 72-78.

[108] 李红法, 郭松波, 满淑丽, 等. 乙醇分级沉淀提取黄芪多糖及其理化性质和抗氧化活性研究 [J]. 中国中药杂志, 2015, 40 (11): 2112-2116.

[109] FAN H R, MENG Q R, XIAO T C, et al. Partial characterization and antioxidant activities of polysaccharides sequentially extracted from *Dendrobium officinale* [J]. Journal of Food Measurement and Characterization, 2018, 12 (2): 1054-1064.

[110] GUO Y H, CAO L L, ZHAO Q S, et al. Preliminary characterizations, antioxidant and hepatoprotective activity of polysaccharide from *Cistanche deserticola* [J]. International Journal of Biological Macromolecules, 2016, 93 (Pt A): 678-685.

[111] LIU Y, ZHANG B, IBRAHIM S A, et al. Purification, characterization and antioxidant activity of polysaccharides from *Flammulina velutipes* residue [J]. Carbohydrate Polymers, 2016, 145: 71-77.

[112] 孙金辉, 吴旋, 白东清, 等. 香菇多糖对黄颡鱼抗氧化及非特异性免疫指标的影响 [J]. 水产科技情报, 2012, 39 (6): 284-289, 292.

[113] 王煜恒, 徐孝宙, 王会聪, 等. 黄芪多糖对杂交鳢生长性能、免疫能力、抗氧化能力和抗病力的影响 [J]. 动物营养学报, 2018, 30 (4): 1447-1456.

[114] 殷海成. 饲料中添加酵母免疫多糖对黄河鲤生长和非特异性免疫力的影响 [J]. 中国饲料, 2009 (14): 33-35.

[115] PAREDES C, MEDINA E, MORAL R, et al. Characterization of the different organic matter fractions of spent mushroom substrate [J]. Communications in Soil Science and Plant Analysis, 2009, 40 (1/2/3/4/5/6): 150-161.

[116] ZHU H J, SHENG K, YAN E F, et al. Extraction, purification and antibacterial activities of a polysaccharide from spent mushroom substrate [J].

International Journal of Biological Macromolecules, 2012, 50 (3): 840-843.

[117] BAUR F J, ENSMINGER L G. The association of official analytical chemists (AOAC) [J]. Journal of the American Oil Chemists' Society, 1977, 54 (4): 171-172.

[118] HOU H, LI B F, ZHAO X, et al. The effect of Pacific cod (*Gadus macrocephalus*) skin gelatin polypeptides on UV radiation-induced skin photoaging in ICR mice [J]. Food Chemistry, 2009, 115 (3): 945-950.

[119] YANG X B, YANG S, GUO Y R, et al. Compositional characterisation of soluble apple polysaccharides, and their antioxidant and hepatoprotective effects on acute CCl_4-caused liver damage in mice [J]. Food Chemistry, 2013, 138 (2/3): 1256-1264.

[120] LIANG D, ZHOU Q, GONG W, et al. Studies on the antioxidant and hepatoprotective activities of polysaccharides from *Talinum triangulare* [J]. Journal of Ethnopharmacology, 2011, 136 (2): 316-321.

[121] WANG L Q, XU N, ZHANG J J, et al. Antihyperlipidemic and hepatoprotective activities of residue polysaccharide from *Cordyceps militaris* SU-12 [J]. Carbohydrate Polymers, 2015, 131: 355-362.

[122] SHIROSAKI M, KOYAMA T. Laminaria japonica as a food for the prevention of obesity and diabetes [J]. Advances in Food and Nutrition Research, 2011, 64: 199-212.

[123] YIN B, TANG S, SUN J R, et al. Vitamin C and sodium bicarbonate enhance the antioxidant ability of H9C2 cells and induce HSPs to relieve heat stress [J]. Cell Stress and Chaperones, 2018, 23 (4): 735-748.

[124] MIN Y N, NIU Z Y, SUN T T, et al. Vitamin E and vitamin C supplementation improves antioxidant status and immune function in oxidative-stressed breeder roosters by up-regulating expression of GSH-Px gene [J]. Poultry Science, 2018, 97 (4): 1238-1244.

[125] GIBLIN F J. Glutathione: A vital lens antioxidant [J]. Journal of Ocular

Pharmacology and Therapeutics, 2000, 16 (2): 121-135.

[126] NAGASAKA R, OKAMOTO N, USHIO H. Partial oxidative–stress perturbs membrane permeability and fluidity of fish nucleated red blood cells [J]. Comparative Biochemistry and Physiology Toxicology & Pharmacology: CBP, 2004, 139 (4): 259-266.

[127] 马钊. 金针菇 SF-07 菌株多糖的提取、结构与抗氧化活性分析 [D]. 泰安: 山东农业大学, 2015.

[128] 刘成荣, 胡春燕. 不同真姬菇多糖对泥鳅抗氧化和抗病力的影响 [J]. 海洋科学, 2008, 32 (10): 6-12, 17.

[129] 杜志强, 杨晨晨, 王建英. 猴头菇多糖对小鼠血清抗氧化能力的影响 [J]. 食品研究与开发, 2011, 32 (9): 56-58.

[130] 李赫, 宋文华, 于翔, 等. 几种免疫增强剂对草鱼 SOD、CAT 及 AKP 活性的影响 [J]. 水产学杂志, 2010, 23 (4): 6-9.

[131] TRENZADO C E, MORALES A E, PALMA J M, et al. Blood antioxidant defenses and hematological adjustments in crowded/uncrowded rainbow trout (*Oncorhynchus mykiss*) fed on diets with different levels of antioxidant vitamins and HUFA [J]. Comparative Biochemistry and Physiology Part C: Toxicology & Pharmacology, 2009, 149 (3): 440-447.

[132] 李倩. 北五味子多糖的分离、纯化及其抗氧化作用的机制研究 [D]. 广州: 广州中医药大学, 2017.

[133] 孙永欣, 李亚洁, 温志新, 等. 饲喂黄芪和黄芪多糖对刺参生长性能的影响 [J]. 中国饲料, 2009 (4): 31-36.

[134] 龚全, 许国焕, 付天玺, 等. 云芝多糖对奥尼罗非鱼消化机能的影响 [J]. 饲料工业, 2007, 28 (20): 21-23.

[135] 肖拉. 枯草芽孢杆菌 JS01 和黄芪多糖对建鲤生长及免疫功能的影响 [D]. 雅安: 四川农业大学, 2012.

[136] GUO F C, KWAKKEL R P, WILLIAMS B A, et al. Effects of mushroom and herb polysaccharides, as alternatives for an antibiotic, on growth performance of broilers [J]. British Poultry Science, 2004, 45 (5):

684-694.

[137] SUNDU B, BAHRY S, HATTA U, et al. Effect of palm polysaccharides on growth performance, feed digestibility and carcass percentage of broilers [J]. International Journal of Poultry Science, 2018, 17 (2): 57-62.

[138] 向枭, 陈建, 周兴华, 等. 黄芪多糖对齐口裂腹鱼生长、体组成和免疫指标的影响 [J]. 水生生物学报, 2011, 35 (2): 291-299.

[139] 夏伦斌, 黄燕, 左瑞华, 等. 海藻多糖对肉鸡抗氧化性能及存活率的影响 [J]. 畜牧与饲料科学, 2016, 37 (4): 24-26.

[140] 何颖, 陈忠伟, 高建峰, 等. 马尾藻多糖对南美白对虾免疫调节作用 [J]. 安徽农业科学, 2008, 36 (31): 13664-13665, 13680.

[141] WU Y H, WANG F, ZHENG Q X, et al. Hepatoprotective effect of total flavonoids from *Laggera alata* against carbon tetrachloride-induced injury in primary cultured neonatal rat hepatocytes and in rats with hepatic damage [J]. Journal of Biomedical Science, 2006, 13 (4): 569-578.

[142] CANLI E G, CANLI M. Low water conductivity increases the effects of copper on the serum parameters in fish (*Oreochromis niloticus*) [J]. Environmental Toxicology and Pharmacology, 2015, 39 (2): 606-613.

[143] 姚嘉赟, 徐洋, 盛鹏程, 等. 3 种免疫增强剂对黄颡鱼非特异性免疫机能的影响 [J]. 安徽农业科学, 2014, 42 (10): 2921-2923.

[144] 宋文华, 张涛, 富丽静, 等. 大蒜素、枸杞多糖对草鱼血清非特异性免疫指标的影响 [J]. 河北渔业, 2011 (6): 12-18, 21.

[145] 刘春花, 赵长臣, 罗霞, 等. 黄芪多糖对草鱼非特异免疫功能的影响 [J]. 上海海洋大学学报, 2017, 26 (4): 511-518.

[146] LIVAK K J, SCHMITTGEN T D. Analysis of relative gene expression data using real-time quantitative PCR and the $2^{-\Delta\Delta C_T}$ method [J]. Methods, 2001, 25 (4): 402-408.

[147] LIN J D, LIN P Y, CHEN L M, et al. Serum glutamic-oxaloacetic transaminase (GOT) and glutamic-pyruvic transaminase (GPT) levels in children and adolescents with intellectual disabilities [J]. Research in Developmen-

tal Disabilities, 2010, 31 (1): 172-177.

[148] 李文武, 殷光文, 林希, 等. 海带粗多糖对斜带石斑鱼血清指标的影响 [J]. 海洋科学, 2015, 39 (6): 59-64.

[149] 吴旋. 四种中草药多糖对黄颡鱼生长、体成分及部分生理生化指标的影响 [D]. 天津: 天津农学院, 2011.

[150] 贾睿. 黄芪多糖对四氯化碳诱导鲤鱼肝（细胞）损伤的保护作用 [D]. 南京: 南京农业大学, 2011.

[151] 董开忠, 高永盛, 王小恒, 等. 冬虫夏草菌丝体多糖对免疫性肝损伤小鼠的保护作用 [J]. 解放军医学杂志, 2016, 41 (4): 284-288.

[152] 李天一, 汪丽佩, 吴国琳. 黄芪多糖对免疫性肝损伤小鼠免疫调节的影响 [J]. 中国中医急症, 2014, 23 (1): 25-27.

[153] 丁传波, 刘群, 董岭, 等. 五味子藤茎中木脂素和多糖对小鼠急性肝损伤的保护作用 [J]. 华西药学杂志, 2014, 29 (6): 648-650.

[154] 韩贵芳, 张长城, 陈茜, 等. 五子衍宗方总多糖的提取及其对肝损伤保护作用的研究 [J]. 时珍国医国药, 2017, 28 (3): 549-551.

[155] 明红, 刘涌涛, 杜习翔, 等. 木聚糖酶对尼罗罗非鱼生长及血脂血糖水平的影响 [J]. 新乡医学院学报, 2006, 23 (6): 556-558.

[156] 曾巧莉. 金针菇菇脚对肉鸡盲肠微生物菌群的影响 [D]. 长春: 吉林农业大学, 2016.

[157] 王玲, 胡俊杰, 郭延生, 等. 中药免疫增强剂的研究进展及其在水产养殖中的应用 [J]. 中国饲料添加剂, 2008 (3): 36-39.

[158] BOMAN H G, FAYE I, GUDMUNDSSON G H, et al. Cell-free immunity in Cecropia [J]. European Journal of Biochemistry, 1991, 201 (1): 23-31.

[159] WALSH A M, SWEENEY T, O'SHEA C J, et al. Effects of supplementing dietary laminarin and fucoidan on intestinal morphology and the immune gene expression in the weaned pig [J]. Journal of Animal Science, 2012, 90 (suppl_ 4): 284-286.

[160] GHOSH J, LUN C M, MAJESKE A J, et al. Invertebrate immune diversity

[J]. Developmental & Comparative Immunology, 2011, 35 (9): 959-974.

[161] 刘金海, 罗小丽, 管健, 等. 半滑舌鳎鳃黏液免疫相关酶活性对黄芪多糖的免疫应答 [J]. 水产科学, 2016, 35 (2): 111-116.

[162] WANG T, SUN Y, JIN L, et al. Enhancement of non-specific immune response in sea cucumber (*Apostichopus japonicus*) by Astragalus membranaceus and its polysaccharides [J]. Fish & Shellfish Immunology. 2009, 27 (6): 757-762.

[163] 迟玉森, 张付云, 等. 海洋生物活性物质 [M]. 北京: 科学出版社, 2015: 113-136.

[164] KIM K K, KIM R, KIM S H. Crystal structure of a small heat-shock protein [J]. Nature, 1998, 394: 595-599.

[165] 祝琳, 王国良. 鱼类 HSP70 的研究进展 [J]. 宁波大学学报 (理工版), 2007, 20 (4): 446-450.

[166] YANG X, GUO J L, YE J Y, et al. The effects of *Ficus carica* polysaccharide on immune response and expression of some immune-related genes in grass carp, *Ctenopharyngodon idella* [J]. Fish & Shellfish Immunology, 2015, 42 (1): 132-137.

[167] YAR AHMADI P, FARAHMAND H, KOLANGI MIANDARE H, et al. The effects of dietary Immunogen® on innate immune response, immune related genes expression and disease resistance of rainbow trout (*Oncorhynchus mykiss*) [J]. Fish & Shellfish Immunology, 2014, 37 (2): 209-214.

[168] AVELLA M A, OLIVOTTO I, SILVI S, et al. Effect of dietary probiotics on clownfish: A molecular approach to define how lactic acid bacteria modulate development in a marine fish [J]. American Journal of Physiology Regulatory, Integrative and Comparative Physiology, 2010, 298 (2): R359-R371.

[169] 夏晓杰. 多糖对齐口裂腹鱼肌肉品质、脂质代谢及 HSP70 基因表达的影响 [D]. 雅安: 四川农业大学, 2015.

[170] 周鑫, 董云伟, 王芳, 等. 草鱼 hsp70 和 hsp90 对温度急性变化的响应 [J]. 水产学报, 2013, 37 (2): 216-221.

[171] DIETZ T J, SOMERO G N. The threshold induction temperature of the 90-kDa heat shock protein is subject to acclimatization in eurythermal goby fishes (genus *Gillichthys*) [J]. Proceedings of the National Academy of Sciences of the United States of America, 1992, 89 (8): 3389-3393.

[172] HOFMANN G E, BUCKLEY B A, AIRAKSINEN S, et al. Heat-shock protein expression is absent in the Antarctic fish *Trematomus bernacchii* (family *Nototheniidae*) [J]. The Journal of Experimental Biology, 2000, 203 (Pt 15): 2331-2339.

[173] JENS W, BRITTON ROBERT A, STEFAN R. Host-microbial symbiosis in the vertebrate gastrointestinal tract and the *Lactobacillus reuteri* paradigm [J]. Proceedings of the National Academy of Sciences of the United States of America, 2011, 108 Suppl 1 (S1): 4645-4652.

[174] ROESELERS G, MITTGE E K, STEPHENS W Z, et al. Evidence for a core gutmicrobiota in the zebrafish [J]. The ISME Journal, 2011, 5 (10): 1595-1608.

[175] LI T T, LONG M, JI C, et al. Alterations of the gut microbiome of largemouth bronze gudgeon (*Coreius guichenoti*) suffering from furunculosis [J]. Scientific Reports, 2016, 6: 30606.

[176] LI T T, LONG M, LI H, et al. Multi-omics analysis reveals a correlation between the host phylogeny, gut microbiota and metabolite profiles in cyprinid fishes [J]. Frontiers in Microbiology, 2017, 8: 454.

[177] CHEN W G, LIU F L, LING Z X, et al. Human intestinal lumen and mucosa-associated microbiota in patients with colorectal cancer [J]. PLoS One, 2012, 7 (6): e39743.

[178] NAYAK S K. Role of gastrointestinal microbiota in fish [J]. Aquaculture Research, 2010, 41 (11): 1553-1573.

[179] QIN J J, LI R Q, RAES J, et al. A human gut microbial gene catalogue es-

tablished by metagenomic sequencing [J]. Nature, 2010, 464: 59-65.

[180] WU S G, WANG G T, ANGERT E R, et al. Composition, diversity, and origin of the bacterial community in grass carp intestine [J]. PLoS One, 2012, 7 (2): e30440.

[181] WU S G, TIAN J Y, GATESOUPE F J, et al. Intestinal microbiota of gibel carp (*Carassius auratus gibelio*) and its origin as revealed by 454 pyrosequencing [J]. World Journal of Microbiology and Biotechnology, 2013, 29 (9): 1585-1595.

[182] WANG C, SUN G X, LI S S, et al. Intestinal microbiota of healthy and unhealthy Atlantic salmon Salmo salar L. in a recirculating aquaculture system [J]. Journal of Oceanology and Limnology, 2018, 36 (2): 414-426.

[183] 张振龙. 胶和木聚糖对中华绒螯蟹和黄颡鱼生长、消化和肠道菌群的影响 [D]. 苏州: 苏州大学, 2014.

[184] ETYEMEZ BÜYÜKDEVECI M, BALCÁZAR J L, DEMIRKALE İ, et al. Effects of garlic-supplemented diet on growth performance and intestinal microbiota of rainbow trout (*Oncorhynchus mykiss*) [J]. Aquaculture, 2018, 486: 170-174.

[185] GEURDEN I, MENNIGEN J, PLAGNES-JUAN E, et al. High or low dietary carbohydrate: Protein ratios during first-feeding affect glucose metabolism and intestinal microbiota in juvenile rainbow trout [J]. The Journal of Experimental Biology, 2014, 217 (Pt 19): 3396-3406.

[186] MACFARLANE S, MACFARLANE G T, CUMMINGS J H. Review article: Prebiotics in the gastrointestinal tract [J]. Alimentary Pharmacology & Therapeutics, 2006, 24 (5): 701-714.

[187] SHANG Q S, JIANG H, CAI C, et al. Gut microbiota fermentation of marine polysaccharides and its effects on intestinal ecology: An overview [J]. Carbohydrate Polymers, 2018, 179: 173-185.

[188] 朱怡卿, 刘玮, 王虹, 等. 多糖对肠道功能调节作用的研究进展 [J]. 药学进展, 2015, 39 (4): 293-299.

[189] WU G D, CHEN J, HOFFMANN C, et al. Linking long-term dietary patterns with gut microbial enterotypes [J]. Science, 2011, 334 (6052): 105-108.

[190] ZHANG Z S, WANG X M, HAN S W, et al. Effect of two seaweed polysaccharides on intestinal microbiota in mice evaluated by illumina PE250 sequencing [J]. International Journal of Biological Macromolecules, 2018, 112: 796-802.

[191] TAO J H, DUAN J N, JIANG S, et al. Polysaccharides from *Chrysanthemum morifolium* Ramat ameliorate colitis rats by modulating the intestinal microbiota community [J]. Oncotarget, 2017, 8 (46): 80790-80803.

[192] 席晓晴. 分子技术在马鞍列岛海域鱼类食性和肠道菌群分析中的应用 [D]. 上海: 上海海洋大学, 2016.

[193] SCHÄFER A, KONRAD R, KUHNIGK T, et al. Hemicellulose-degrading bacteria and yeasts from the termite gut [J]. The Journal of Applied Bacteriology, 1996, 80 (5): 471-478.

[194] GANDHIMATHI R, ARUNKUMAR M, SELVIN J, et al. Antimicrobial potential of sponge associated marine actinomycetes [J]. Journal De Mycologie Médicale, 2008, 18 (1): 16-22.

[195] MATSUI T, TANAKA J, NAMIHIRA T, et al. Antibiotics production by an actinomycete isolated from the termite gut [J]. Journal of Basic Microbiology, 2012, 52 (6): 731-735.

[196] EL KAOUTARI A, ARMOUGOM F, GORDON J I, et al. The abundance and variety of carbohydrate-active enzymes in the human gutmicrobiota [J]. Nature Reviews Microbiology, 2013, 11: 497-504.

[197] CARDMAN Z, ARNOSTI C, DURBIN A, et al. Verrucomicrobia are candidates for polysaccharide-degrading bacterioplankton in an Arctic fjord of Svalbard [J]. Applied and Environmental Microbiology, 2014, 80 (12): 3749-3756.

[198] MARTINEZ-GARCIA M, BRAZEL D M, SWAN B K, et al. Capturing sin-

gle cell genomes of active polysaccharide degraders: An unexpected contribution of *Verrucomicrobia* [J]. PLoS One, 2012, 7 (4): e35314.

[199] KINDAICHI T, YAMAOKA S, UEHARA R, et al. Phylogenetic diversity and ecophysiology of Candidate Phylum Saccharibacteria in activated sludge [J]. FEMS Microbiology Ecology, 2016, 92 (6): fiw078.

[200] STACKEBRANDT E, LANG E, COUSIN S, et al. *Deefgea* rivuli gen. nov., sp. nov., a member of the class Betaproteobacteria [J]. International Journal of Systematic and Evolutionary Microbiology, 2007, 57 (3): 639-645.

[201] 李绍戊, 王荻, 连浩淼, 等. 大西洋鲑杀鲑气单胞菌无色亚种的分离鉴定和致病性研究 [J]. 水生生物学报, 2015, 39 (1): 234-240.

[202] SEMOVA I, CARTEN J D, STOMBAUGH J, et al. Microbiota regulate intestinal absorption and metabolism of fatty acids in the zebrafish [J]. Cell Host & Microbe, 2012, 12 (3): 277-288.

[203] WALTHER T C, JR FARESE R V. Lipid droplets and cellular lipid metabolism [J]. Annual Review of Biochemistry, 2012, 81: 687-714.

[204] SKRODENYTE-ARBACIAUSKIENE V, SRUOGA A, BUTKAUSKAS D. Assessment of microbial diversity in the river trout *Salmo trutta fario* L. intestinal tract identified by partial 16S rRNA gene sequence analysis [J]. Fisheries Science, 2006, 72 (3): 597-602.

[205] RAMIREZ R F, DIXON B A. Enzyme production by obligate intestinal anaerobic bacteria isolated from oscars (*Astronotus ocellatus*), angelfish (*Pterophyllum scalare*) and southern flounder (*Paralichthys lethostigma*) [J]. Aquaculture, 2003, 227 (1/2/3/4): 417-426.

[206] CLEMENTS K D. Fermentation and gastrointestinal microorganisms in fishes [M]. Boston: Springer, 1997: 156-198.

[207] MARTIN-ANTONIO B, MANCHADO M, INFANTE C, et al. Intestinal microbiota variation in Senegalese sole (*Solea senegalensis*) under different feeding regimes [J]. Aquaculture Research, 2007, 38 (11): 1213-

1222.

[208] REID H I, TREASURER J W, ADAM B, et al. Analysis of bacterial populations in the gut of developing cod larvae and identification of *Vibrio logei*, *Vibrio anguillarum* and *Vibrio splendidus* as pathogens of cod larvae [J]. Aquaculture, 2009, 288 (1/2): 36-43.

[209] RINGØ E, SPERSTAD S, MYKLEBUST R, et al. Characterisation of the microbiota associated with intestine of Atlantic cod (*Gadus morhua* L.): The effect of fish meal, standard soybean meal and a bioprocessed soybean meal [J]. Aquaculture, 2006, 261 (3): 829-841.